中国百年灾害回眸丛书

初缚苍龙

夏明方　康沛竹　主编

中国社会出版社
国家一级出版社　全国百佳图书出版单位

图书在版编目（CIP）数据

初缚苍龙 / 夏明方，康沛竹主编 . -- 北京：中国社会出版社，2014.12

（中国百年灾害回眸）

ISBN 978-7-5087-4893-1

Ⅰ . ①初… Ⅱ . ①夏… ②康… Ⅲ . ①灾害 - 历史 - 中国 -1954~1976 Ⅳ . ① X4-092

中国版本图书馆 CIP 数据核字（2014）第 272660 号

丛 书 名：中国百年灾害回眸

书　　名：初缚苍龙

主　　编：夏明方　康沛竹

出 版 人：浦善新

终 审 人：张铁纲

责任编辑：杨春岩　陈贵红　　　责任校对：路　广

出版发行：中国社会出版社　　　邮政编码：100032

通联方法：北京市西城区二龙路甲33号

电　　话：编辑部：（010）58124828

邮购部：（010）58124845

销售部：（010）58124829

传　真：（010）58124870

网　　址：www.shcbs.com.cn

经　　销：各地新华书店

印刷装订：中国电影出版社印刷厂

开　　本：145mm × 210mm　1/32

印　　张：3.875

字　　数：60千字

版　　次：2015年1月第1版

印　　次：2015年1月第1次印刷

定　　价：15.00元

社会传媒

目录
Contents

一　初缚苍龙

——1954年江淮大水灾

自然灾害不会由于社会政治制度的变更而自行退缩。新生的人民共和国刚刚建立的第五个年头，就遇到了20世纪继1931年以来又一次长历时大范围的江淮洪水。

新中国第一巨灾

1954年的气象反常。由于夏季东亚上空的西风环流推迟北移，长江流域笼罩在连绵梅雨之中，较之常年延长1个月之久；北方大陆冷气团和南方海洋暖气团又在江淮上空长期停滞，徘徊游动，激烈冲突，形成了东西向的带状暴雨区。常年酷暑季节的长江流域变得天气阴冷，大雨倾盆；雨期长，雨日多，雨区广，强度大。水位居高不下，江河旁溢四溃，从而酿成了历史上罕见的特大洪灾。

4月，安徽、江西、湖南等省提前进入汛期。安徽的梅雨期长达57天，全年降雨量超出常年40% ~ 70%。大雨同时袭向鄱阳、洞庭两湖水系，5月至6月，鄱阳湖一带降水量高达500 ~ 600毫米，江西的信江、饶江、抚江相继出现全年最高水位，洪峰迭出，险象环生。湖南洞庭湖及其资、沅各水系也持续暴涨，整个湖区陷入白茫茫的大片雨海之中。至6月上旬，这几省的江湖已成满盈之势。

7月至8月，长江全流域又持续出现大面积暴雨，上游的嘉陵江、岷江、金沙江洪峰汹涌；7月27日，乌江洪峰水位超过历史纪录。在上游，洪峰多次呼啸而来，地处三峡出口的干流枢纽宜昌地区自6月下旬至9月上旬连续形成四次洪峰，其中8月7日的峰顶水位高达54.73米，创60年以来的最高纪录。上游洪峰经宜昌奔泻而下，中下游江湖满槽，洼地积涝，川洪和中下游洪水遭遇。虽经启动荆江分洪工程力争将沙市水位控制在保证水位之下，以便缓解沙市之下弯曲起伏的一段干道的超额泄洪量，但终因洪流过大，干流各站水位仍持续暴涨。沿江上起武穴，下到镇江、南京的水位，都先后超过了历年的最高纪录。

7月19日，汉口站已突破1931年的最高水位。8月18日，该站水位高达29.73米，超出1931年最高水位1.45米。

据中国江河防洪丛书《长江卷》统计，该年汛期从4月开始，7月底至8月中旬达到最高潮。长江中下游各站警戒水位以上的持续时间为69～135天，其中汉口站持续100天，武穴长达135天。汛期紧张阶段将近半年，实为历史罕见。湖北、湖南、江西、安徽境内沿江两岸除荆江大堤、武汉市堤和少数圩垸没有溃破外，其余均被洪水淹没。溃口水量高达1023亿立方米。

决堤溃圩的滔滔洪水冲向江汉平原，肆虐在洞庭、鄱阳，冲击了苏皖沃地，共和国广袤的粮棉产区遭到了严重的威胁。

湖北是重灾区。在8月汉口站水位达到峰顶时，江汉平原一片汪洋。全省有43个县市被灾，受灾人口926万，2127万亩农田被淹，3万余人被洪水吞没。圩垸区的公路没入水底。虽经全力抢救，京广线仍中断了100天。陆上交通一度瘫痪，经济损失100亿元。

湖北省省会武汉市被大水围困了三个多月。武汉地区诸水汇集，市区低洼。江汛初起，市内部分地区即已滞水成灾。长达130多公里的三镇堤防，大部分是据1931年的水位防御标准修筑的，汉阳部分地区和汉口部分沿河地带未及设防。7月大汛时，川水和洞庭水系洪峰滚滚而来，加之月末遭4至7级大风袭击，水浸风推，很多堤段已失去抵风抗浪的能力，险情隐患层出不穷。8月初全市堤防已全部靠子堤挡水，以至在狂风暴雨里列设“人堤”。汉阳月湖堤决口，市区街道被淹没。

“万里长江，险在荆江。”地处荆江地段的湖北省监利县7月2日水位超过35米，境内民堤大多溃决，全境大部分地区一片汪洋。为确保荆江大堤和干流两岸人民的生命财产，监利人付出了沉重的代价。据《监利堤防志》，该县上车湾主动分洪后，全县64.40万人口，243.50万亩耕地中有62.50万人、227.40万亩耕地受灾；11.87万栋房屋中倒塌4.88万栋，部分损坏3.29万栋；54133头耕牛中，死亡、失踪12937头。到8月底死亡1568人。留在县内的20余万人集中居住在被洪水包围的大堤上，因病疫蔓延，至年底有4.79万人病故。

湖南省大雨时行，洞庭湖发生百年罕见大水，城陵矶七里山最高水位34.55米，溃决大小堤垸356个，被淹耕地384.95万亩，受灾人口164.6万，未溃而滞水成灾达203.8万亩。资、沅、湘、澧诸水自6月至 7 月流量陡增，漫堤决圩，所在多有。全省计 20 县被灾，受灾人口 550 万，死亡人数 2133 人，死亡牲畜 1.8 万头，倒塌房屋 11.3 万间。

安徽省是江淮洪水交织的重灾区。夏初的暴雨中心在 7 月北移至淮河流域，此后即在江淮之间徘徊不去。长江下游的严重水患扩大到千里淮河两岸，从皖南山区，到淮北平原，大雨连绵，江河四溢，干堤决口，洪水茫茫。长江下游同马大堤因腹背受水被迫撤防。纵横百里的广济圩以及无为大堤相继溃口。江水灌入省会合肥，城西门一带水漫屋顶，市郊一些村庄仅见树梢。其他内河各堤防除极少数外，大小圩口也全部漫决。蚌埠、淮南、淮北、安庆、芜湖、马鞍山、铜陵、巢湖、宣城等城市和广大乡村相继被灾，淮南铁路中断，仅阜阳地区，就有 1500 余乡、120 万户被淹，其中减产六成或九成的乡有 722 个。据《安徽水灾备忘录》统计，全省被灾农田 4945 万亩（其中重灾 2738 万亩），粮食减产 78 亿斤，塌屋 402 万间，牲畜损失 20722 头，被灾人口达 1537 万，其中特重灾民 505 万，死亡 2674 人。

鄱阳湖自 4 月就开始涨水，事关毗邻三省的黄广大堤于 7 月 17 日溃决。江西全省 12 县市、387 万人被灾，死亡人口 980 余名，淹毙牲畜 12746 头，淹没农田652万亩，房屋倒塌46万间。

地处江、淮两水出口的江苏省，长江流域受灾县市21个，淹没农田478万亩，淮河流域淹没农田1063万亩。全省被灾人口661万人，死亡人数1196人，死亡牲畜2512头，塌屋倒房48.89万间。当8月17日长江出现历史上最高潮位6.74米时，虽经全力加固加高堤港，但终因潮水汹涌，水位陡高，江阴堤外大小圩口有88个溃决，6206亩田禾被淹。

严重的灾情，巨大的损失，牵动了全国人民的心，中南海的灯光也彻夜不灭。中华民族又一次面临着挑战，也勇敢地迎接了这个挑战。一场大规模的抗灾救灾运动迅速掀起。

保卫武汉

在党中央和中央人民政府的关怀和领导下，有关各省迅速成立防汛指挥部，制定了周密的防汛方针和抢险计划。在防洪重点的长江中下游，党中央决定必须全力坚守堤防，堵险抗灾，如遇特大洪峰，则进行有计划分洪，牺牲局部以确保荆江大堤和武汉市等重点地区的安全，力求将灾害减少到最低程度。

在长江中下游各防汛指挥部和险要地段，分布了

14万领导干部，1000万防汛大军。其中有近30万人保卫着工业重镇武汉市。

武汉地区的工人、农民、学生、干部、城市居民、工程技术人员和人民子弟兵，在代市长王任重、市委书记张平化为首的防汛指挥部的统一组织部署下，全力投入了防洪抢险。

这是一个组织严密、分工明确、令行禁止的群体，人人都有自己的岗位和责任；这又是一个淡化了职务身份界限的群体，分不清谁是市长、区长、书记、工程师或城乡群众，人人都是以血肉之躯和洪峰相搏的普通一兵。

工人是坚守江堤的骨干。当家做主人的责任感，高度的组织性和现代化的工程技术——这些精神的和物质的要素，构筑了洪峰冲不垮的钢铁长城。他们活跃在巡防队、抢险队、服务队等各种抗洪组织里，武汉大堤上的主要防汛任务，如挖土、装土、运土、卸土、筑堤、排水、防浪、抢险、架线等，大都由产业工人担负。他们在泥泞里，在暴雨中，顶风冒雨分秒必争，始终奋战在第一线。

工人又是防汛大军的后盾。即使是在江防最紧急的时刻，武汉的大小工矿企业依然机声隆隆，运作有序。坚持在各个生产岗位上的产业工人们将机器开足马力，日以继夜地生产着防汛物资，把它们源源不断地运往江防前线。

拦江堤上，活跃着一支由600多名建筑工人组成的抢修分队。在风雨交加的黑夜，凭借一双双训练有素的眼睛辨认方向，运土固堤，人们挖土的挖土，挑担的挑担，分工合作，来去如梭。从7月7日起，仅用两天时间就完成了他们所担负的堤段加固任务。

在汉水桥上，6名钻探工人只用了20分钟即卸下了9米高、上千斤重的铁架，把3号钻机搬上汉口河岸。当江水逼上河岸时，他们又奔向木材厂搬运枕木，垫高机床。200多斤重的枕木压在肩上，肩肿脚伤，挡不住他们飞速地奔跑。运到的枕木顷刻又被大水浸漫，6位勇士跳进齐胸的洪水中冒险抢救，历经5个小时终于架起了枕木，枕木架上的钻机重又隆隆地转动起来。

在以汉阳钢铁厂创始人张之洞命名的张公堤上，从外地应召而来的机械工人废寝忘食，以最快的速度把各地支援的抽水机装配成套，赶抽堤内积水，缓解了崩塌的隐患。

困难激发勇气，也创造智慧。电业工人仅用7天就完成了20天的预定任务，保证了加固堤防和排水工程所必需的动力和照明。搬运工人创造了泥浆滑行法，把工作效率提高了3倍。排水工人采用新技术安装水管，把灌注导水的时间从一两个小时缩短为一两分钟。

坚持在生产岗位上的产业工人们，向江防大军保证：要什么，给什么；几时要，几时给。建新铁厂将大批赶制的铁锹送来了。江岸机车车辆厂仅用13天就赶制出铁锚670个，重达12万余公斤。武昌车辆制造厂不仅赶制了防汛器材，还生产了大批的新式冷藏车。汽车司机日夜坚守在驾驶室里，随时把防汛器材和抢险人员送上最急需的堤段。

每一个工厂，每一个车间，每一位普通的产业劳动者，都为争取抗洪斗争的全面胜利作出了无私的奉献。他们是新中国工人阶级的缩影。他们用自己的行动高奏起那首著名的赞歌——“咱们工人有力量”！

武汉抗灾凸显了共和国坚实的社会基础——工农联盟，塑造了一代农民的新形象。当年，胡适曾这样形容旧中国灾荒时农民的遭遇：

> 天旱了，只会求雨；河决了，只会拜金龙大王；风浪大了，只会祷告观音菩萨或天后娘娘；荒年了，只好逃荒去；瘟疫来了，只好闭门等死；病上身了，只好求神许愿。

话虽尖刻，但毕竟在某种程度上反映了当时的现实。当农民还处在被压迫和无组织状态时，他们不可能把自己的智慧和力量集中起来。随着新中国的建立，过去对农民“愚昧迷信”、“一盘散沙”的讥讽化作了历史。

武昌、汉阳等县的两万多农民以及外地应召而来的农民防汛专家，参加了武汉地区的固堤抢险工程。市区、郊区的堤防和周边农村堤防牢固地连成一线。当国营武汉第一棉纺厂被洪水包围时，团结乡、汉桥乡农民组成400多人的防汛队伍赶去支援，工农携手，化险为夷。

在张公堤上，北垸乡农民守卫了几十个日日夜夜，堵漏防溃，运土搬石，捍卫了长丰南垸人民的生命财产和安全。在该堤抢修蚂蟥塘工程中，农民成立志跳进水塘，忍受着蚊叮虫咬、蚂蟥吸血的全身剧痛，坚持着架好了人们借以挑土运料的木板，使堤身又加高了一层。

为了保卫荆江大堤，监利县农民冒雨顶风，划木船到远处取土，在极其困难的条件下，把大堤加高了0.8米至1米，迫使超过保证水位的洪水顺利下泄。江陵县、广济县等地农民多次跳进浊浪，建起保卫荆江大堤的人墙。

农民，世世代代恋乡爱土的农民，出于对新中国的深厚情感和历经无数灾劫的切肤之痛，打破了以家族、村落为本位的传统观念，宁愿牺牲自己的家园，主动扒口分洪，来换取武汉、黄石和荆江大堤的安全。他们的话和他们的人一样的朴实：城市的工业建设是我们的大命根子，一定要保住它！

军装绿，是标志武汉大堤安全的保护色。哪里最需要，哪里最危险，哪里就出现身着绿色军装的子弟兵。这些来自五湖四海的战士，为保卫武汉，他们的誓言是："我们一定要保卫这些工厂、铁路、儿童和老大娘的安全。"

在张公堤和荆江大堤，在丹水池和黄石市，处处都有军人们组成的人堤，抢堵缺口，加固堤防。解放军某部模范战士、共产党员罗光田，在一次险情中跳进洪水，抢险长达 12 小时。某部连长王万仓，扶病上阵，在齐胸深的大水里堆砌石头，苦战 5 个小时，终于堵住了洪水。这位经历过辽沈战役的老兵"不怕塞北千里雪，何惧扬子江水寒"。

在武汉堤防内被浸泡、外受洪峰进逼的危急时刻，铁道部队和海军部队星夜用专机把潜水员送往武汉。潜水战士们在五六米的深水中，在一般人无法到达的漆黑的江底，一干就是好几个小时，终于制止了可能出现的险情。

人民警察为人民。无论是在抗洪抢险的大堤，在灾民被围的房顶，还是在大水即将卷来的庄稼地里，都有人民警察的身影。救人保畜、抢收庄稼、搬迁居民是他们的光荣职责。

3个多月的艰苦努力，前后5次加固堤防的巨大工程，没有间断的排涝防浪、巡堤抢险，武汉军民终于战胜了自有水文记录以来的最大洪水，使堤顶始终高出水面七八十厘米以上，挡住了比1931年更为高涨和凶险的激流。

历史会永远铭记武汉人在这次抗灾斗争中表现的英雄业绩和留下的宝贵经验，铭记为抗灾而光荣献身的108位烈士。

毛泽东的题词言简意赅：

庆贺武汉人民战胜了一九五四年的洪水，还要准备战胜今后可能发生的同样严重的洪水

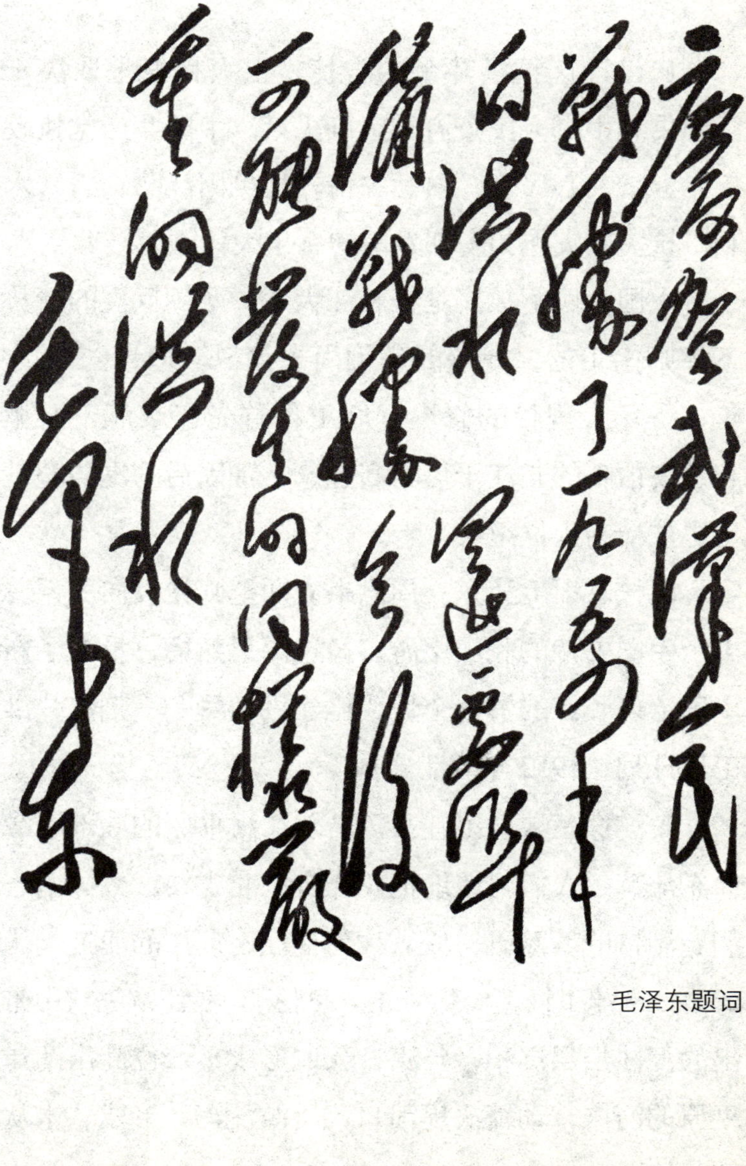

毛泽东题词

荆江分洪

武汉地区抗洪斗争的告捷，很大程度上取决于党中央和中央人民政府的正确决策。中国共产党执政伊始，就关心民瘼、熟悉灾情，把巩固江防、兴修水利、抗灾减灾作为安邦兴国的百年大计。

中国人民解放军是在长江大水、两湖巨浸的情势下挥师南下的。战争的硝烟尚未消散，1949～1950年，一场大规模的修堤复圩工程首先在长江下游掀起。安徽省的长江干堤增高加厚，加固后的堤防超过历史上最高水位纪录1米。

紧接着，毛泽东、周恩来立即把眼光投向关系着半个中国安危的长江中游，经过深思熟虑，批准了新中国治理长江的第一个现代化建设项目——荆江分洪工程计划，1952年着手实施。

长江穿三峡，出宜昌，沿着江汉平原的南部边缘向东流淌。人们习惯地把长江自湖北省枝城到湖南省洞庭湖口的城陵矶一段，称为荆江。荆江的河道起伏弯曲，水流不畅，向称“九曲回肠”。长江从三峡中带出的泥沙层层沉积，年深日久，形成了水位高出两岸平原的河床，动辄决堤溃口，泛滥流泻，形成“水从天际流，船在屋上行”的奇灾。当年治河颇有政绩的乾隆皇帝望荆却步，根据他的谕令，在沙市江畔建立的“镇江塔”和散落在弯曲单薄的河堤上的九尊大铁牛，象征着旧时代对于荆江洪灾的焦虑、畏惧和无奈。

新中国建立之后，荆江流域的苦难历史开始被改写。毛泽东对荆江分洪工程作了三点指示：一是要将荆江分洪工程当作全国的事情，全国支援；二是工程直接关系着两湖人民的生命财产安全，两湖要全力以赴；三是要用打仗的办法来完成这个工程，调一个兵团来指挥。

荆江分洪示意图

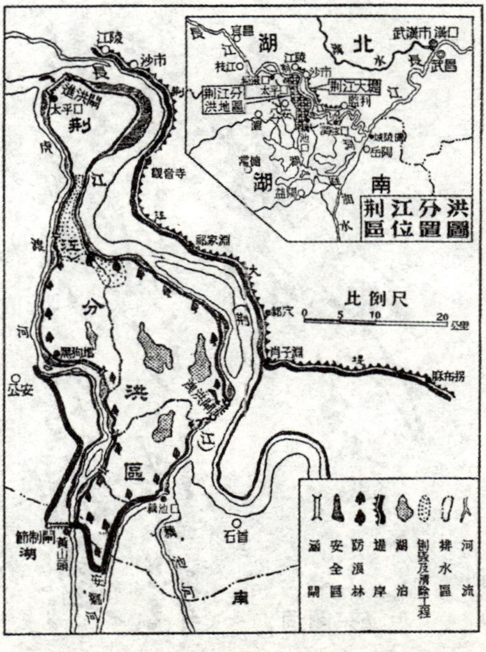

1952年春寒料峭之时，一支包括中国人民解放军的一个兵团和其他驻湘鄂的部分部队、工人、农民、工程技术人员及大学生组成的30万建设大军，开往荆江工地。仅仅75天，亦即在6月20日，荆江南岸分洪工程竣工。江南分洪区范围内的江陵、公安、石首三县的24万农户转移到了安全区和大江以北，创造了水利工程史上的奇迹。

当荆江分洪工程完成了60%时，毛泽东挥笔题词：

为广大人民的利益，争取荆江分洪工程的胜利！

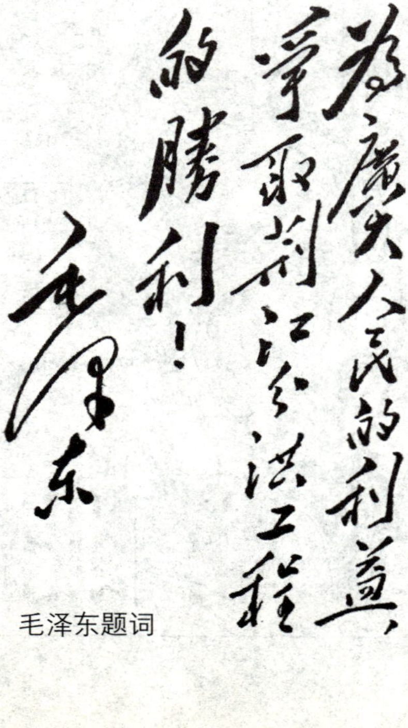

毛泽东题词

随后，周恩来题词：

要使江湖都对人民有利

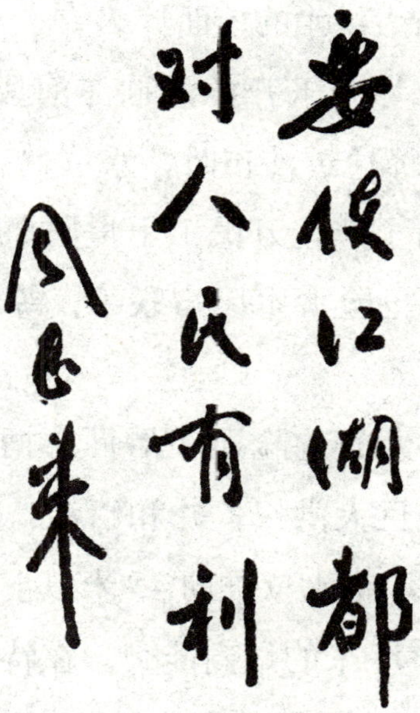

周恩来题词

荆江分洪工程总指挥部在宣布该工程完工的公报上这样写道：这座工程“拥有一座像长城似的54孔的进洪水闸，坐落在分洪区的北端，长达一公里余（1054米），将吞吐着长江三峡奔放出来的洪水，并拥有一座同样雄伟的32孔的节制水闸，坐落在分洪区南端，长达336米，调节和拦蓄住巨量的洪流。分洪区围堤从四面八方构成了一座天然的蓄水库，蓄纳洪水量 56 亿立方米，将可以用为消除水患发展水利灌溉之需”。

非常的办法，非常的速度，完成了非常的工程，赶在 1954 年特大洪水的前面！

1954 年 7 月大汛开始，荆江河段形势危急。7 月 8 日首次洪峰通过沙市时，水位就高达 43.89 米。沙市火速调动了十几万民工上堤防汛，在 180 余公里的大堤上，抢险大军比肩联手，等于将堤岸加高了一层。

但是，更大的危险还在后面。据预报，7 月 22 日宜昌将出现巨大洪峰，并和清江、沮漳河洪峰相遇，有可能将沙市水位推向 45 米以上，从而超过荆江大堤御水 44.5 米的最高能力。在特大洪水可能冲决被人们称为“命堤”的荆江干堤，对两岸人民的生命财产造成毁灭性灾害的紧急时刻，党中央批准于 7 月 22 日首次启用荆江分洪工程，开闸分洪。这次分洪的最大流量为 6700 立方米 / 秒，总蓄洪量约 23.5 亿立方米，从而将沙市最高水位压到 44.38 米，稳定在保证水位（44.49 米）之下。

7 月底到 8 月上旬是水情的最高潮。从贵州、四川至三峡地区连日大雨，嘉陵江、乌江等上游江河洪峰迭起，涌向荆江大堤和洞庭湖区。自 7 月 29 日至 8 月 22 日，荆江分洪工程又连续两次开闸启动。三次分洪，累计分出洪水的流量为 22.56 亿立方米，沙市水位降低的最大值为 0.96 米。

三次分洪，蓄纳和分出洪水的总量，超出了分洪区设计容量 60 亿立方米的 1 倍以上。60 亿立方米的水意味着什么？那是在 6000 平方公里的土地上，蓄积 1 米深的洪水。

1931 年大水时，汉口市内积水最深处是 5 米，如果 60 亿立方米的水灌向武汉三镇，不到 200 平方公里的城区积水将超过 30 米，这将是武汉的灭顶之灾！

当然，这只是一个形象的数学计算，而如果让没有来得及蓄纳、分流的洪水冲垮了荆江大堤，则后果不堪设想！

荆江分洪，初缚苍龙！

与此同时，湖北地区还有不少农村主动扒口，让汹涌的洪流漫向自己的家园，以缓解长江干道难以承受的巨大压力。武汉大堤、荆江大堤保住了，沿江都市和更广大的地区安全了。荆江分洪工程卓有成效的防洪功能和新中国的农民们忘我的牺牲精神，形成了制服洪水的巨大力量。

各地抢险

各地抗洪一盘棋。在长江中下游的抗洪主战场上，在淮河两岸千里长堤的各个险段，无论哪里被洪水突破，都会牵动争取抗洪胜利的全局。在保卫武汉和荆江大堤的同时，各地抗洪抢险的斗争全面铺开，千百万灾区军民用意志、智慧和血汗，铸成了中华民族前所未有的壮美史诗。

湖南省自入夏以来，气候异常，暴雨不断，全省各级党政机关及时抽调大批干部分赴灾区，组织起一支支以洞庭抢险为中心的防汛大军。人们夜以继日地和洪水展开搏斗。运送麻袋、木材、芦柴和铅丝的轮船、木船，在暴雨和激浪中往来如梭，供应各垸堤抢险堵口。

岳阳地处江湖交汇之口，关系着湖南和长江下游广袤地区的安危。岳阳县委火速出动了 1791 名干部，组织起一支防汛大军。他们泥里来，水里去，不分昼夜，不顾疲劳，死守在堤防上。狂风巨浪中，筑人堤、打木桩、放麻袋、扎草把、搭木板、抛被席的场面处处可见。有的堤段几次被洪水冲决，又几次被人们拼死堵住。

6月22日中午，洞庭湖南岸的沅江县华安大垸浸漏，民兵中队长刘金南跑回家中，拿出两条棉被跳入水中堵塞漏洞，20多名农民也跟着跳下去，300多人在堤上紧急抢修，终于保住了全垸5万亩禾苗和2万多人的生命安全。

6月27日晚，当汹涌的洪水将要翻过常德县祝丰垸大堤时，守卫在这里的数百名干部群众，每人抱起一捆芦柴倒在堤上，用身体挡住巨浪，掩护堤身，一直坚持到天亮，其余群众则迅速加高堤防。

悲壮的、动人的抗洪场景从湖南向安徽、江苏等省延伸。

面对江淮并涨的严峻形势，安徽省政府一面加紧部署长江沿岸的防汛战斗，一面密切关注着淮河流域的雨情和水情，并在5月中旬比往年提早半个月成立了防汛指挥部，同时各地成立分指挥部，及时布置了淮河流域的防汛计划。

在汛情紧张时，省主要负责人曾希圣、牛树才、黄岩等奔赴一线，指挥防汛。地、县、区各级主要领导都出现在他们分管的江淮堤岸和圩垸上。安庆地委书记陈硕峰、宣传部长谢童关等在宿望防汛分指挥部被水淹没后，立即转移到机帆船上指挥，哪里有险情，就驶向哪里。

在省委、省政府的领导下，大批农民、工人、战士、工程技术人员和学生等积极投入防汛前线。在最紧张的时候，宿县专区一夜之间就动员了 8 万人，乘火车赶往工地。数百万军民在统一指挥下，分地为战，冒风雨，顶巨浪，克服种种困难，不分昼夜地巡堤防汛，同时，组织起来的 10 万民工，突击加高加固淮北堤防，杨湖镇以下的颍东堤和涡、淮两岸堤防，普遍加高了 1 米。

在抗洪斗争中，最紧张、最困难的是抢险。安徽省交通厅调拨了 22 艘轮船和 2 万多只木船，全部用于抢险和抢运防汛物资。

这里是安徽军民的几个抢险场面：

从 7 月初到 7 月中旬，长江同马大堤上连续出现险情。抢险大军在风雨交加中坚守阵地，夜以继日地打桩、抬土、修筑堤坝，关键时刻则跳入洪流中以身挡浪，遏制险情。在 7 月 7 日四合圩抢险中，一次就有 1000 多位干部和民工跳入水中，筑成人墙。

人和洪水在淮河禹山坝进行了反复的搏斗和争夺。7 月 16 日，洪水漫上禹山坝堤顶，加之连日来六七级大风的袭击，浪击风摧，禹山坝危在旦夕。一部分人毫不犹豫地跳进水中组成人墙，抵挡风浪，另一部分人突击加高子埝，击退了来犯的洪峰。26 日，为迎战淮河第四次洪峰，数百条木船穿梭运土，数千人组成人堤抵挡浊浪。终因洪峰势猛量大，堤坝溃决。凤台县立即组织了2600多名干部和2828条船，紧急抢救出被洪水围困的守堤民工和四乡农民近24万人，牲畜2万多头。

在安徽军民的抢险斗争中，经常可以看到像同马大堤和禹山坝上的人堤。在涡淮大堤上，由4万多干部群众组成的人堤与洪水搏斗了6个小时。在滁县大同圩抢险中，人民解放军组成的人堤，任凭洪水猛烈冲击，巨浪几次淹没了他们的头顶，依然屹立在水中，直到漏洞堵住。

安徽妇女同男子一样，坚持在险象环生的江河堤圩上。怀远县沙沟区涡河北岸出现险情后，有一批青年妇女跳入水中用胸口抵着草把，以备抗浪。当涂县一处沟埂出现险情，心一农业生产合作社何贵英等6名妇女跳入水中，用自己的身体堵住缺口，其他妇女奋力抢修，经过一天的紧张战斗，终于挡住了洪水。

妇女们还组成各种支援防汛大军的服务队。芜湖县南坝乡夹沟选区奚三弟召集全选区妇女组成运输大队，按时把每顿饭送到工地。她鼓励工地上的丈夫："在堤上积极干，不打退洪水，不要回家。"另一位妇女朱秀英也要求丈夫在堤上加劲干，报答党和政府对灾民的关心和帮助。

在淮河下游苏北各段堤防上，数十万民工突击抢修洪泽湖大堤和苏北灌溉总渠堤防。在与淮河纵横交错的运河两岸，10 万抢险大军日夜奋战。他们在运河西堤加筑了柳石枕子埝，在运河东堤加固加高了堤防。

这是一场在艰险、复杂和激烈的程度上，都可以同当年淮海战役一样被录入历史镜头的特殊的战斗。紧急投入险情的巨大的人力和物力，使淮、运堤圩和长江堤岸联结成一体，迫使滚滚洪流灌入黄海和东海。

安徽、江苏等省人民之所以战胜 1954 年特大洪水，除了各阶层人民共同努力外，还得益于此前已经进行了几年的治淮工程。

新中国成立在淮河泛滥成灾的年头。毛泽东在开国大典之后不久，就下了“一定要把淮河修好”的决心。治理淮河的战略性计划要求在地处上游的河南山区修建水库，控制洪水；在中游的安徽，利用历史上因黄河夺淮而形成的洼地、湖泊修建系列蓄洪工程；在苏北下游，开挖、扩大水道，以利泄洪。

到 1954 年特大洪水来临前，淮北干堤已比历史上最高水位加高了 1 米。许多河道经过多次整理疏浚，泄洪能力大大增强。淮河上游的洪河、汝河未整理前，旧有河床中如果出现超过 500 立方米 / 秒的洪水，就会立即泛滥成灾。而 1954 年则安全通过了 1200 立方米 / 秒的洪水。

当时已经兴建的许多水库和蓄水工程，在这次防洪斗争中起了重大作用。1954 年淮河进入汛期后，防汛指挥机关就有计划地利用治淮工程实行蓄洪、拦洪、分洪、滞洪和行洪。

分布在淮河上游的石漫滩、板桥、白沙、薄山等 4 座山谷水库，老王坡、吴宋湖、蛟停湖、潼湖等洼地的蓄洪工程，以及一些临时滞洪工程，步步为营，拦蓄洪水，消减洪峰，大大缓冲了洪峰对中下游河道的威胁。

淮河中下游安徽省的佛子岭连拱坝，在汛情紧张时期发挥了巨大效能，挡住了淠河两岸的洪水冲击，保住了 70 万亩农田作物。其他如蒙河洼地、城西湖、城东湖、孟家湖、姜家湖、邱家湖、唐垛湖、瓦埠湖以及安徽与江苏之间的洪泽湖的拦洪设施一齐启动，连同佛子岭水库共拦蓄了 127 亿多立方米的洪水，大大降低了淮河干流和许多支流的洪峰，推迟了下游洪峰的出现时间，缓解了诸峰交汇的险情。就是在淮河干流水位超过支流 1.5 米的情况下，也没有形成倒灌。

淮河下游高良涧进水闸开闸，迫使部分洪水由苏北灌溉总渠直泻黄海。洪泽湖畔巨大的三河闸控制了淮河洪水的下泄流量，减轻了洪水对江苏北部运河堤防的威胁。

治淮工程在这次特大洪水中超额负担了其防洪功能的任务，减轻了洪水灾害的严重程度。

八方支援

在武汉市抗洪斗争胜利的总结大会上，武汉市副市长、防汛总指挥部副总指挥宋侃夫动情地讲过这样一段话：

我们向任何一个兄弟地区的党组织和政府去一个电报和电话请求援助，援助的物资就往往加倍和加快地送到，这种团结互助患难与共的精神，给了我们以莫大的鼓舞。

在像雪片一样飞向灾区的慰问信中，有一封信这样写道：

防汛就是战斗，物资好比弹药，你们要什么，我们就支援什么！

这两件材料充分地反映了全国人民和灾区人民血肉相连、休戚与共的关系，反映了在中国共产党的领导下中华民族的民族凝聚精神得到空前加强。这种伟大的精神，建构成了洪水突不破、冲不垮的钢铁长城。

抗灾第一。中央人民政府各部门火速抽调出大批干部、工程技术人员、潜水员、发电工人、筑坝工人和有经验的防汛农民，调动了各地驻军，从四面八方赶赴灾区。各种防汛救灾物资迅速地集中起来，分配下去。为了赶运人员和物资，国家出动了 30 架次飞机，6400 多节火车皮，组织了大批轮船、汽车和其他各种可资利用的运输工具。相关部门的工作人员自动取消了节假日，夜以继日地坚持在各自的岗位上。

从 6 月下旬开始，中央和各地先后支援了武汉市 273 部共 8295 匹马力的抽水机，每小时可排积水 6100 吨。此外还有列车发电站 1 列，麻袋 590 万条，草袋 259 万个，芦席 83.6 万张，畚箕 22.7 万对。还有大批的工具、芦柴、篾缆、铁锚、高粱秆等防汛物资。7 月间，又支援了安徽省和沿淮各地 460 多部抽水机，以及其他各种防汛器材。

党中央和人民政府时刻牵挂着灾区人民的生活疾苦。中央粮食部下令，对湖北、湖南、安徽、江苏、江西等省的受灾地区停止粮食外调，并适当调入一部分，保证灾区人民群众的生活需要和市场稳定。仅8月一个月，从广东、广西、四川等地运到武汉的大米，就足够全市人吃一个半月。广东省除了原定的调拨任务外，又额外拿出3万吨大米支援武汉、岳阳等灾区。

全国各地还支援了灾区人民大批的煤炭、蔬菜和各种副食品。仅从河南省焦作一地，就运出了5000多吨煤。山西的太原、榆次、寿阳等地从7月20日起，每天支援灾区的西红柿、白菜等新鲜蔬菜两三万公斤。上海、广州、四川、内蒙古自治区和东北等地都把大批的瓜类、菜类、副食品运往灾区。

凡是从旧中国过来的人都有这样的经验：和大灾相伴而来的必然是银根紧缩和物价飞涨，是大面积的、无可挽救的粮荒和饥馑。新中国消除了这种几乎是带有规律性的社会病症。灾区的物资供应基本正常，粮价、菜价保持稳定。大水包围下的武汉市民，在中秋之夜吃上了新鲜的肉、菜和月饼。他们说：水涨了，物价不涨，只有共产党办得到。

为了保障灾区人民的身体健康，中央卫生部在防汛工作开始后，就指示各地组织医务人员奔赴防汛前线，开展医疗和防疫工作。中央卫生部、中央爱国卫生运动委员会、中国红十字总会、北京医学院及北京市传染病医院等单位的医务人员，其中包括流行病学专家和消毒专家，组成了水患地区卫生工作组，由卫生部防疫司司长陈文贵带队，分别奔赴武汉市和湖北省、安徽省等受灾地区，指导卫生医疗工作。西北和西南的行政委员会卫生局各组织所属的有经验的医师和检验人员四五十人，奔赴蚌埠和武汉。8 月 13 日，中央卫生部再次组织了医务工作大队 73 人，其中高级医师 56 人，并配备了各种药品和医疗器械前往安徽省沿淮地区。华东区从上海等地组织了 1000 人，分成 30 个医疗队，携带大量药品和器械奔赴安徽灾区。

中央人民政府卫生部和全国各地还向灾区调拨了大批医药用品和消毒用品，其中上海就支援了近百吨的药品和大批的医疗器械。国家还给湖北等水灾地区拨款 100 万元，供灾民免费治疗。

为了帮助灾民排水补种，迅速恢复生产，中央粮食部会同农业部、合作总社等部门拨给安徽、湖北两省晚秋作物种子 2100 多万公斤，代购马铃薯 3350 多万公斤。黑龙江、热河、浙江、江苏、山东、四川、山西、陕西、江西、河北等省和内蒙古自治区调出种子近 1 亿公斤。其中各省仅支援安徽的晚秋作物种子就达 7111 万公斤。

这批粮食和种子，凝结了全国人民对灾区农民的深情厚谊。这不是普通意义上的出售和收购，而是一场全国性的救灾战斗。陕西省蓝田县农民，连夜打灯笼挖马铃薯卖给合作社。四川省许多农民，克服交通不便等困难，翻山越岭把马铃薯背到收购站。山西省农民头顶大雨，脚踩泥泞，人背马驮，火速地把种子送到集中地点。

全国人民大团结，各民族人民大团结，这是新中国的社会主义制度区别和优越于既往任何社会制度的重要标志。1954 年抗洪斗争的胜利，将社会主义的优越性，将社会主义制度下得到复苏和强化的中华民族的凝聚力、战斗力，在各个社会层面上充分地表现出来。

重建家园

人是改造自然、创造世界的生灵。救灾先救人，是人民政权坚定不移的法则。排除万难，抢救和转移灾民；拨放款物，安置和赈济灾民；领导和组织灾区人民互救和自救，恢复生产，重建家园，总之，就是依靠旧社会所不可能有的组织和集中起来的人力和物力，将洪水造成的损失减少到最低限度。

安徽省各级政府组织了一支支营救队，动用了 83 艘轮船、19269 只木船，抢救灾民 328 万多人，牲畜 7 万多头，公粮 2779 多万公斤，民粮 2845 多万公斤，安全转移灾民497万多人。

临时转移到明罗山上的一批灾民，又被洪水围困，人无栖身之地，家乏隔宿之粮。中央和华东局火速派出飞机，向他们空投了1148包帐篷，省政府也送去大米5万公斤，面粉8.5万公斤，煤炭45万公斤，以及大量芦席、雨布和炊具。

1954年灾民的有序转移，在中国灾荒史上还是第一次。这和以往一遇灾害就出现流离失所、饿殍塞途的惨景形成了鲜明的对比。各地因地制宜，将灾民们转移到周边安全区，直至邻省、邻县。灾民转移时，按行政区划组织，由干部负责带出去，带回来，沿途设供应站，供应粮食、茶水和医药。到达时，当地群众发扬互助友爱精神，腾房借物，像接待亲人一样热情地接待这些饱经风险、身心俱疲的受灾同胞。一碗饭，匀着吃；一幢房，挤着住。当地人和外地人相处融洽，亲如一家人。

湖南洞庭湖石塘乡农民设立接待站，专门接待王家乡灾民，帮助灾民们搬东西，抱孩子，问寒问暖。灾民一到就找到了住所，安上了锅灶。五里村村长杨保清为了安置骤然增多的老老少少，三天三夜没有合眼。灾民们都说："杨村长对我们比屋里人还亲。"石塘乡人还慷慨地借出了自己的农具、稻田和秧苗，帮助灾民开垦荒地。

为了保障灾民的身体健康，受灾各省派遣大批医务人员到灾民转移途中和移居地区，设立临时医院，包括特别为孕妇设立的临时接生站。医学院的专家和学生们深入灾区，传授防疫知识，喷洒药物，净化被污染的环境。

据有关材料统计，这次经被灾各省有计划、有组织转移的灾民共有 1300 万人。

耕牛是农民的半个家当。为了使灾民在灾后能够立即投入生产，政府还对灾民的耕畜饲养和过冬作了妥善安排。除将一批耕畜就地委托给生产合作社、互助组或灾民亲友代养外，大批牲畜由灾民推选专人送往外地放牧。安徽省人民政府指令淮南地区为淮北地区代养的耕牛达 68924 头。

从中央到各省政府，为赈灾拨放了巨额的现款和物资，以最快的速度分配到各地灾区。中央内务部从 6 月底到 8 月上旬，就拨出 4500 多万元救济款，帮助灾民解决生活困难和生产自救的燃眉之急。

为了全局牺牲了局部利益的分洪区灾民，受到党和政府的特殊关注。在荆江分洪区开闸之前，百里区内的人畜早已安全转移，居民无一伤亡。由于分洪流量倍于原先的蓄洪吐纳设计，散落在分洪区内的 21

个安全区也处于浊流包围的危境之中。中央和湖北省政府火速从各地调来100多部抽水机，昼夜抽排滞水。近百名医疗人员分赴各安全区治病防疫。从各地调来的赈济物资，包括330多万公斤的粮食，13万余公斤的食盐和30多万公斤的木柴，及时送到了灾民手中，帮助他们渡过难关，重建家园。

由于上车湾分洪而遭到洪水浸漫的监利县，国家先后发放了口粮救济款221.7万元，青苗补助款187.39万元，分洪补助款14.90万元，房屋补助款168.45万元，耕牛补助款51.38万元，寒衣款40.70万元，转移经费4.10万元，急救款和城镇救济款14.55万元，共计703.17万元。还拨发了200多种药品、310箱牛奶。全县设立了87个医疗站和78个巡回医疗队，免费为灾民治病。

洪水退去之后，各地政府为返乡灾民发放路费，备办交通工具，在沿途设立接待站，解决食宿医疗问题。一些非灾区群众还为灾民组织欢送会，请他们吃饭，为他们准备了途中的干粮。一位灾民激动地说：

> 长这么大了，就没有见过这么多好人，共产党真会教育人。从搬来到回家两个多月，等于上了一次学校。

一场恢宏的生产自救、重建家园的运动在广大灾区迅速铺开。

从5月至9月，安徽省人民政府拨给各地救灾款11854万元，银行发放生活贷款1000万元，棉衣补助款252万元。各级供销社从省内外收购了大批竹、木、草料，可供灾民修建170多万间房屋。9月份仅阜阳、宿县、芜湖等专区22个县即发救济款259万元，救济灾民117万人。

安徽省人民政府的《受灾农户农业税减免实施办法》规定：凡歉收六成以上的灾区，农业税收全免，行洪区免征5年。并宣布了“谁种谁收”和“增产不增税”的政策和其他增产奖励办法，提供大量晚秋作物种子，发放开荒补助金和农业贷款，鼓励灾民开荒种地。全省共排涝补种了1830多万亩禾苗，开荒抢种500余万亩，增收粮食7.5亿公斤。全省参加副业生产的有126.7万多人，举办副业136种，生产总值5097.8万元，获利3954万余元。

湖北省人民政府一次就拨出500多万元救济款和大笔农业贷款，帮助灾民生产自救。灾民们不分昼夜地排涝抢种，开垦荒地，修补堤埂，修屋建房。孝感专区汉川县联群农业生产合作社仅用3天就排水抢种了100多亩，保住了600亩菜苗。适合于江汉平原种植的白菜、南瓜、萝卜及其他短期作物，缓解了紧张的粮食供应。与此同时，一场火热的捐献寒衣运动在全省掀起，刚刚经受过洪水威胁的武汉市民赶制了50万件棉衣，在寒冬到来之前送到了大力支持过他们的灾民手中。分洪区的灾民组织起来张网捕鱼，地方政府就动员各级干部大力购买，整整半年，他们都买鱼吃鱼，认为这是对灾民的支援！

中国人民银行湖南省分行拨放赈济款650万元。省政府有计划地把灾民转移到附近山区、丘陵地带，并把公山、熟荒分配给灾民，大力支持他们生产自救。

在党和各级政府的领导和支持下，受灾各省人民努力生产自救，在大灾之年取得了38.5亿公斤粮食的收成，对缓解灾情起了重大作用。

透过1954年中国人民的抗洪斗争，我们可以看到，虽然天灾不分国界和制度袭击人间，但是因灾成荒的规模和程度，却与社会制度紧密关联。在中国共产党和人民政府的领导下，得到了解放并且凝聚起来的中华民族，已经能够凭借自己的力量，去征服比1931年更大的洪灾。即使在重灾区，也没有发生23年以前出现过的那种几十万人被洪水吞没，数百万人四处逃荒，鬻女卖儿、嗷嗷待哺的惨象，没有发生秩序失控、盗匪四起、弱肉强食的社会紊乱，也没有发生大面积的瘟疫蔓延。灾区群众在各级政府的组织和全国人民的大力支持下，用自己的双手，迅速地恢复了生产，重建了家园。

这次江淮大水灾是在这样的历史背景下发生的：新中国毕竟年轻，她继承了历史上遗留下来的严重恶化的生态环境和千疮百孔的江堤河防，还没有来得及提供更充足、更有利的抗灾减灾的物质条件，而从战火中锻炼出来的各级干部，也缺乏应对特大洪涝灾害的经验。可以说，这次拼搏是一次险胜。洪患仍然对我们的生存和发展构成极大威胁，仍旧是丝毫不可掉以轻心的天敌。

二　三年自然灾害

——1959～1961年中国大饥荒

对当时的国家领导人和广大民众来说，1958年绝对是一个“凯歌行进”的年代。国外，“东风压倒了西风，而且将继续压倒西风”。国内，中国共产党八大二次会议胜利召开，大炼钢铁运动取得预期成效，全国共完成钢产量1108万吨，人民公社运动更是开展得如火如荼，粮食亩产连放“高产卫星”。“一天等于二十年”“鼓足干劲力争上游”“当革命的促进派”等激情洋溢的口号，响彻大江南北、长城内外。

就是在这样一种形势下，当年出版的《建国以来灾情和救灾工作史料》一书的序言作出了如下论断：

> 灾荒，现在看来已经不是什么大问题。再过几年、十几年，人们就会不知道什么是灾荒了。

1958年6月7日，《人民日报》也报道了“河南省基本实现了水利化，消灭了一般水旱灾害”的消息。指导全国救灾工作的中央救灾委员会也随之而取消，各地除河南、安徽等一些多灾地区外，也都撤销或合并了救灾机构。

天真的人们正满怀豪情地向着没有自然灾害、没有灾荒的共产主义大踏步迈进。

突如其来的大饥荒

但是全面“跃进”的喜悦还没有过去，灾难却已经不期而至了。

这一年12月，粮食部党组向中央反映：与1957年同期相比，1958年7至10月粮食征购减少88亿斤，销售和出口增加了52亿斤。10月底，全国粮食库存减少100多亿斤。许多地区因为粮食库存急剧下降纷纷要求调入粮食。

这是一个不好的预兆。

1959年伊始，山东省馆陶县一些公社因粮食短缺，食堂停伙，大量农民开始外逃。随之，全国各地普遍出现春荒，各省市共有8228多万人无米下炊。其中，河北省最多，约2000余万人。山东与河南共次，各为 1400 万人和 1300 万人。

相应地，全国不少地区都开始出现人口大规模外流和局部的饿死人的现象。5 月 10 日，中共中央批转的湖北、河北、广东三省委关于人民公社和农村情况的报告时指出，当年湖北有 170 万人严重缺粮，河北省有 30 个县缺粮，而广东则在年初就已经饿死 134 人，还有 10930 人因饥饿而浮肿。报告特别强调，“粮食问题成为农村中严重问题”。

到 1960 年春天青黄不接之时，饥饿更像瘟疫一样在全国各地迅速蔓延。

根据国家统计局、民政部所编《中国灾情报告》披露的资料，1960 年春荒期间，全国共有 1.2 亿人口在忍饥挨饿，其中山东省 3100 万，河北、四川各有 2000 万和 1500 万。迄至当年 5 月，北京市粮食库存仅有 7 天余量，天津只剩下 10 天的库存，而上海的粮库已经见底了。辽宁省 10 个主要城市也只有 8 天的存粮。12 月底，国家统计局对市场情况作出了分析报告：1 ~ 10 月份累计：粮食收购量比 1959 年同期下降 34%，食油下降 42%，生猪下降 31%，棉花下降 23%。到 1960 年 9 月，各地凭票供应的商品已达 30 余种。这一年的粮食产量，根据 1961 年的核实，只有 2870 亿斤，比 1957 年的 3900 亿斤下降了

26.4%，基本退回到了1951年2874亿斤的水平。

在连续两年粮食减产后，1961年的春荒达到了顶峰，全国约有2.18亿人口缺粮。甚至到了夏天，仍有7845万人没有足够的食物。缺粮人口在1000万以上的，就有四川（2500万）、河南（2491万）、河北（2000万）、山东（1838万）、湖北（1673万）、安徽（1512万）、湖南（1500万）、辽宁（1175万）等8个省。人们的生活水平大幅度地倒退，人均粮食消费量由1957年的406斤降为1960年的327斤，减少了19.4%，农村的下降幅度更高达23.4%；植物油的人均年消费量也下降了23%，由4.8斤降到了3.7斤；猪肉的平均消费量，则由1957年的10.2斤下降为1960年的3.1斤，直线下降了70%。

饥饿遍布城乡，饿死人在各地都不再是骇人听闻的事件。被死神首先召唤的自然是老弱病残，接着就是年轻力壮的劳力。根据国家统计局的数字，安徽、河南、四川等省一些县的人口死亡率竟超过了100‰，河南光山县1960年的人口死亡率则高达218.9‰，也就是说这一年有1/5的人死亡。

在河南信阳地区，由于连放了几个"卫星"，造成上缴任务过重，农民的口粮、种子粮都交了征购。因此，1959年秋收刚过，许多农民就已经揭不开锅了。

许多公社的大食堂开不了伙，社员不得不在自己家中煮红薯叶、野菜。

为了生存，农民开始宰杀耕牛（这在当时是违法的）。干部发现后砸了他们的锅。群众不得已外出逃荒。一些“左倾”的干部又认为这是破坏“大跃进”，就让人在交通路口设岗拦截。

可是他们拦得住灾民的外逃，却拦不住饥荒的蔓延。

有一个村的党支部，23 个党员中就有 20 个人饿死了，剩余的 3 名党员在万般无奈的情况下向省委写了血书求援。当时信阳地区行署专员张树藩的秘书余德鸿，曾向张哭诉道，在半个月内，余的父母、大爷、大娘都被饿死了。在余德鸿的老家，仅村西头就饿死了一半多，有不少人饿死后甚至没有人埋葬。当时的河南省委书记刘名榜、省委副书记宋致和等人在途经信阳时，都目睹过饿殍伏于路的惨状。

直到 1960 年 2 月，信阳大规模人口非正常死亡的现象才停止了下来。据张树藩当时的估计，全区饿死人数约在二三十万左右。但中央派人经过 3 个月的调查后认为，饿死的人数还要高好几倍。

在历来就是贫困地区的甘肃定西的通渭、会宁、定西等县，饿死人的状况更为惨痛。三年期间，因为缺粮、断粮饿死和因浮肿无救而丧命的，最少也有百万人。由于损失惨重，通渭县的人口总数，直到70年代中期，都还没有恢复到1949年的水平。

1980年，傅上伦、胡国华、冯东书、戴国强等四位新华社记者来到通渭县陇阳公社采访。公社一位姓王的书记给他们讲述了自己在三年困难时期的痛苦遭遇。当时，他正带领着民工在引洮（河）工地上出工。有一天，有人悄悄告诉他说，村里的人饿得不行了。一开始他还不相信，说："我相信共产党不会饿死一个人。"过了一段时间，又有人带给他更坏的消息，说他的家人也不行了。这时，甘肃其他地方饿死人的消息也纷纷传来，他终于坐不住了，匆匆忙忙往家赶。

回到村中，他发现烟火稀绝，没有一点生气。自家的门也大开着，院里蒿草遍地，一片寂静。进到屋里，只见他的母亲和一个弟弟骨瘦如柴地躺在床上，双眼无神，一句话也说不出来了。好不容易用随身带回的面粉将母亲与弟弟救活后，他才知道自己的妻子、孩子、妹妹都已经饿死了，全家一共饿死了五口人。

这位书记还对记者道出了令人更加难以置信的事情：那时候人们饿急了，饿疯了，提着篮子出去，看看倒在路边的死尸上还有可吃的肉，就割回家去……

在全国范围内，吃人肉这样耸人听闻的事或许还只是个别现象，但以糠代菜、吃观音土却是很普遍的，在广大农村尤其如此。地处鲁西北的德州、聊城地区，耐不住饥饿的人们纷纷将地瓜秧拔出来，切碎了，再掺上一些树叶做成窝头吃。不久，地瓜秧、树叶吃完了，人们只好去盐碱地里挖野草，砍蒿草吃。许多人吃了这些东西后无法消化，不断地腹泻，但又不得不继续吃，最后人浮肿得像冬瓜似的，身体透明，连内脏都能看清楚了。

城市里的情况虽比农村要好一些，但居民的粮食定量也只能维持在基本生存线上。

1960年，当著名作家韩素音再次来到中国时，她发现“饥饿在加剧，食品市场上的队伍越来越长，物品短缺现象越来越明显了”。在北京、西安等地，她看到了在医院门前排着队的浮肿病人，看到了人们收集城里城外落在马路上的树叶，把它浸泡提炼，用来防止坏血病。同时，韩素音还注意到在城市里的高级知识分子每天只能得到相当于产生2000多卡热量的食物，重体力工人每月只能得到30～40斤大米，而一般的办公室职员，每天只能从所分配的食物中吸收只够维持基本生命的1500～1800卡的热量。情况最差的是家庭主妇及老人和孩子。在1961年春天到来之前，不少家庭都在简陋的墓穴里安葬自己的老人，或在一个无人知晓的地方埋掉自己的孩子。

谜一样的人口死亡数字

在 1959 ~ 1961 年的三年困难时期，全国有多少人因缺粮而饿死，学者们的统计数字相差很大。

我们先将《中国统计年鉴》中的统计数字列于下面：

年　份	1957	1958	1959	1960	1961	1962	1963
总人口数（万人）	64653	65994	67207	66207	65859	67295	69172
自然出生率（‰）	23.23	17.24	10.19	−4.57	3.78	26.99	33.33

这是国内外众多研究“三年困难时期”的学者所依据的主要数据，虽然对这些数据是否准确还有争议。从表中可以看到，1960 年比 1959 年人口数量减少了整整 1000 万。

由国家统计局、民政部合编的《中国灾情报告》，分别统计了 1959 ~ 1961 年三年间各年春荒中的非正常死亡人数。其中，1959 年 12617 人，1960 年 374390 人，1961 年 647010 人。三年总计非正常死亡 1034017 人。但是这个统计数字十分不准确、不全面。

例如1961年，在全部有统计数字的28个省中，仅有11个省上报了非正常死亡人数；缺粮人口上千万的8个省中，有3个省没有统计数字。而且，在缺粮人口达2491万人的河南省，仅有1200人非正常死亡。相比之下，缺粮人口才707万的广东省，反倒有279560人非正常死亡。也就是说，河南省每1万缺粮人口中仅有0.5人非正常死亡；而广东省每1万缺粮人口中就有近400人死亡。另外，根据数据推算，山东省每1万缺粮人口中有130人饿死。莫非河南省有什么仙丹妙药，可以让人没饭吃又不至于饿死？

从进在他的著作《1949～1989年的中国·曲折发展的岁月》中曾写道，1959年的中国人口为6.7亿人。1960年为6.6亿人，减少了1000万人。1961年比1959年减少了1300万人。按照当时净出生率与净死亡率相抵后的20‰的人口净增长率推算，正常情况下1961年人口应比1959年增加2700万人。应增加人口加上实际减少的人口，从进认为1959～1961年间共有4000万人非正常死亡。

金辉在他所撰文章《“三年自然灾难”备忘录》中，对《中国统计年鉴·1984》所公布的数字进行一番修正后得出结论，认为1959～1961年，中国人口非正常死亡的最低值实际应在4000万左右。

在国外，也有许多研究人员对这一时期的死亡人数做了统计与计算。美国学者彭尼·凯恩在其所著《中国的大饥荒（1959–1961）》一书中，引用了另外一位学者班尼斯特的研究数据，最终得出的结论是2600万人。

1997年，原国家统计局局长李成瑞发表了《“大跃进”引起的人口变动》一文。在文中，李成瑞着重介绍了西安交通大学人口研究所蒋正华教授与美国著名人口学家安斯利·科尔的研究成果。

蒋正华教授是以1982年全国人口普查所取得的前一年（1981年下半年和1982年上半年）数据为基础，并综合1953年和1964年两次人口普查取得的数据，通过建立参数估计模型等方法，编制了1953～1981年历年的完全生命表。根据这份表，蒋正华教授推算出1958～1963年这6年间非正常死亡人数约为1697万人。

安斯利·科尔教授主要以1983年公布的中国国家计划生育委员会1‰生育抽样调查资料和1982年人口普查资料为依据，从生育率开始，经过一系列数学计算与推导后，计算出1958～1963年“超线性死亡”人口为2700万人。李成瑞对科尔的个别数据进行了修正，认为按照科尔的计算方法，最终的“超线性死亡人口”应该是2200万。

从方法论上来说，科尔与蒋正华教授的计算方法更具科学性与逻辑性。李成瑞更明确指出蒋正华教授的估计方法具有较高的科学性。需要说明的是，蒋正华、科尔、李成瑞他们进行计算的前提是承认三次人口普查尤其是1982年人口普查的数据“经受住了一系列精度与一致性的严格检验”，“这些资料基本上是相当严密协调的”。

必须强调的是，我们在这里反复论证1959～1961年到底有多少人非正常死亡，这本身只有学理上的价值。无论结果是1500万还是4000万，都抹杀不了这样一个惨痛的现实，即如此大规模的人口非正常死亡不仅为中国历史所仅见，在世界历史上也是罕见的。这场灾难对中国的打击和影响，无论怎么估计都不过分。

那么，究竟是什么原因造成了这场大浩劫？自然因素和人为因素究竟在这里起了什么作用？

三年自然灾害

1959年的春天，当人们还沉浸在“大跃进”的疯狂之中时，大自然以其独特的形式开始嘲笑人们对它的蔑视。

1959年春夏两季，从长江到黑龙江的广阔地域内，遇到了罕见的春旱。但当时的国人还处在丰收的喜悦中，新闻报道中也鲜有提及这场春旱的。谁也没有想到，这正是漫长的三年苦难的序幕。

在东北，时到3月，春播的季节到了，但老天爷却吝惜得不肯洒下半丝雨露，春播受到了严重影响。辽宁省西部地区、辽东半岛的大部分地区连续40～50天滴雨未下。吉林西部、长白山区同样也是大河浅，小河干，无法进行必要的春灌。由于降水少，大量支流断流，松花江水濒于枯竭，依靠松花江水进行灌溉的中下游广大地区只能望江兴叹。据各地气象局统计，1～6月份东北各地总降水量约为90～130毫米，比常年同期减少20～40毫米，某些地区降幅更为严重。

黄河流域中，河南、山东两省受灾最为严重。河南省7、8、9三个月平均降雨量比常年同期减少一半，某些县市的降雨量仅为正常年份同期的1/5左右。由于降水少，土壤含水量急剧下降，大部分耕地含水量只在12%～15%左右。旱情严重的地区，土壤含水量仅有6%～7%。河南省共有90多个县受旱，成灾面积高达1亿亩。干旱造成大面积耕地绝产。全省1亿1千多万亩秋收作物中，约有8000万亩受旱，其中比较严重的有4000多万亩。而且干旱的时间在伏期，正是早秋作物抽穗扬花，晚秋作物拔节孕穗的时期，对农作物危害极大。山东省7～9月比常年同期降水量减少40%左右。全省持续干旱100余天，共有74个县、市的7370万亩农田受灾，受灾耕地占全省耕地的58%，成灾面积3400万亩。

历来饱受水灾之苦的淮河、长江流域，1959年的夏天同样被炎炎的烈日所折磨。在秋熟作物生长旺季的7月中旬到8月底之间，江苏省仅有30毫米的降雨，全省56万余座小水库、塘坝中有67%（约37万座）干涸见底。5400万亩的秋作物中有2800万亩受灾。甚至连平日里水源充足的里下河、太湖等地也有部分农田受灾。

在全国粮食产量（主要是水稻产量）中占举足轻重地位的两湖地区，也没能摆脱干旱的魔爪。8月份，湖北省80%以上的塘堰干涸。在沿长江的121道水闸和161个明口中，因长江水位下降，只有50道水闸、13个明口能够放水。全省受旱农田达2500万亩。湖南省大部分地区连续八九天烈日当头，部分地区甚至持续干旱了120天，是年全省有3200万亩农田受旱。

据统计，这一年全国南北各地受旱农田面积总量达5.07亿亩，成灾面积1.67亿亩。受灾时间之长，范围之广，程度之深，为新中国成立后10年来之最。

然而自然界并没有因此而暂停它的报复。

在1959年冬旱的基础上，冀、鲁、豫、陕、川、滇、贵、粤、闽等省份1960年又是春夏连旱。从1959年12月到1960年6月份，华北冬小麦生产区总降水量仅有50～150毫米，比常年同期偏少了3～6成。特别是在麦收前期，小麦灌浆的关键时刻，降水量仅是常年同期的一半左右，有些地区甚至更少。

从这年10月到次年6月，河北全省降水为80～130毫米，较常年同期下降了40%。其中1960年3～5月间降水仅为19毫米，是该省历史上有记录以来降水最少的一次。各地地下水位普遍下降2米，永定河断流近半年之久。全省共有7980万亩耕地受害，成灾4970万亩。陕西省同样是连年大旱，特别是在1960年5月中旬至7月初、8月中旬至9月中旬这两段时间，降水量比常年同期偏少6～8成。从5月下旬到8月中旬，陕南商洛、汉中地区的降水仅为正常年景的20%，干旱持续了近百天。总计陕西全省受灾面积达3000万亩，约占耕地总面积的70%。

1961年，全国大部分地区依然面临着干旱的严峻挑战。由于降雨少、风沙大，河北、山东、河南、陕西、山西等地，再次发生大规模的春旱，平均降水量比常年同期下降了30% ~ 60%。在干旱严重的辽西地区，西辽河3 ~ 6月的平均流量为0.123立方米/秒，仅为多年同期平均值的1%。干旱造成鲁、豫、晋、冀、辽等省3亿亩耕地受灾，对小麦、棉花和其他春播作物的生长造成极大的影响。

江淮地区的旱灾也有持续发展的迹象。梅雨季节在6月初刚刚探了一下头，到6月中旬就匆匆结束了。严重的伏旱袭击了长江流域的大面积地区。已经遭受两年旱灾的湖北省，大部分水库、塘坝均已接近蓄水量的底线。在旱情最严重的襄阳地区8个县，原有大大小小325条河流沟汊，已经有300多条露出了干涸的河床。而且由于干旱主要发生在中稻栽种、早稻打苞抽穗以及晚秋作物播种的关键时刻，受灾地区又多集中在商品粮基地县，全省粮食生产遭到了严重的损失。

连续三年的大面积严重干旱，使得新中国各项生产，尤其是粮食生产受到了严重打击。根据统计，因为干旱，晋、冀、鲁、豫四个主要产粮省1959年比1958年粮食作物减产69亿公斤，1960年比1959年又减产68亿公斤。在这三年间，全国粮食作物共减产611.5亿公斤。减产的主要因素就是连年大旱。

长时间的干旱还给许多农作物害虫、病菌的流行创造了良好的天然环境。1959 年 5 ~ 9 月，东亚飞蝗在山东、河南、江苏等省大面积发生，危害面积约为 317 万公顷，其中夏蝗面积 160 万公顷，成为解放以来发生面积最大的一年。另据专家估计，1961 年，全国因蝗害造成的稻谷损失达 50 亿公斤，相当于该年全国进口粮食的总数。

在连续三年大旱的同时，全国还有不少地区曾经遭受小范围、短时间、大强度暴雨和洪水的袭击。更有一些地区昨天还在指挥抗旱斗争，今天又要进行防洪会战了。1960 年 8 月上旬，东北辽河流域最高降雨量达 400 毫米以上，造成了辽河、浑河、太子河洪水漫堤，辽东地区、吉林东部 143.7 万公顷农田被淹，1900 多人死亡，1400 多万公斤粮食被大水冲走。鞍山地区农业受到毁灭性打击，本溪地区大量煤矿进水被淹，造成停产。

不过，如果将考察的时段再拉长些，我们就会很容易地发现，三年自然灾害可以看作是解放以来最严重的一次，却无论如何也算不上历史上最严重的一次，即便是在 20 世纪的百年灾害史当中，它的位置也不是十分突出。

很显然，三年自然灾害背后，还隐藏着更加深刻的政治内涵。

大跃进——灾难的前奏

经过 1956 年的“反冒进”，在“综合平衡，积极稳妥”的发展思路下，新中国 1957 年的工农业获得了良好的发展。但是，由于以毛泽东为代表的一大批党的领导人，对周恩来、邓小平、陈云等领导的经济发展思路有不同的看法，更由于当时党和国家的实际领导者毛泽东在社会主义向共产主义过渡等一系列理论问题上的失误，认为中国可以“跑步进入共产主义”，犯了“左”倾错误，因此，经过一系列会议、一系列讨论后，“大跃进”运动开始了。

1958 年 5 月，毛泽东主持召开了杭州会议、南宁会议，成都、汉口中央工作会议。在以上几个会议中，毛泽东集中批判了“反冒进”说，对周恩来、邓小平、陈云等主持的经济工作提出了批评，为“大跃进”的发动作了舆论和思想准备。

同月，中共八大二次会议在北京召开，这次会议接受了毛泽东提出的“鼓足干劲，力争上游，多快好省地建设社会主义”的口号。毛泽东还错误地认为 1956 年下半年的“反冒进”促成了 1957 年经济发展的“低潮”，指责主张“反冒进”的同志是“观潮派”，“秋后算账派”，举的不是“红旗”，而是“白旗”。他还在会上号召各级政府、党政机关要“拔（白）旗”。这样，八大二次会议实际上就成了“大跃进”的发动会。

“大跃进”在工业上片面强调“以钢为纲”，要在15年内“在钢铁以及其他重要工业产品上赶上或超过英国”；在农业方面以实现“人民公社化”为主要目标，要求农村跑步进入共产主义。

1956年中共八大召开时，曾确定1962年中国的钢产量将要达到1050万至1200万吨。1958年5月，八大二次会议决定1962年我国钢产量要达到2500万至3000万吨，数字已经翻了一番。3个月后，北戴河会议召开，会上正式提出1958年的钢产量要比1957年翻一番，达到1070万吨。为此，9月1日《人民日报》发表了题为《中共中央政治局扩大会议号召全党全民为生产1070万吨钢而奋斗》的社论。随后，中央又提出了“钢铁元帅升帐”的错误提法。

从1958年8月底开始，在中央及各级地方政府的号召、组织下，全国兴起了一个“土洋结合”、“大炼钢铁”的运动。运动伊始，全国就有几百万人投入钢铁战线，到9月底，在大大小小的高炉旁炼铁的人增至5000万，年底又激增至9000万。全国各类土高炉、土焦炉在7月间仅有3万余座，9月份便增至60万座，10月份更是猛增到数百万座。在大炼钢铁的人群中，绝大多数根本没有冶炼知识。那些土法上马的小土高炉，也根本不具备炼钢的条件。这样冶炼出来的钢铁，质量是可想而知了。经过几个月的昼夜奋战，到12月底完成了1070万吨钢的任务，但其中有300万吨钢是废钢，毫无利用价值。其余800万吨钢材，也存在大量严重的质量问题。

大炼钢铁运动严重破坏了工农业之间的平衡关系。为了“以钢为纲”，大批农村劳力或招工进城，或就地组织起来修建高炉、土高炉。1957年，全国才有工业职工800万人，但在1958年一年之中，职工总数就飙升到2600万人。广大农村大量的人力、物力遭到严重浪费。

在工业“大跃进”的同时，农业也在搞“大跃进”——人民公社运动。

早在7月中旬，河南信阳地区遂平县嵖岈山卫星社正式成立，遂平县很快也实现了公社化。河南、山东一些地区也开始出现联乡并社与转为人民公社的狂潮。同年8月，随着毛泽东“人民公社好”的指示的发出，“人民公社”一哄而起。到1959年9月底，100%的农户加入人民公社的有17个省、区、市，有

10个省、区85%的农民加入人民公社，4个省区即将实现公社化。全国原有的74万个农业合作社改组成2.6万个人民公社，全国99%农户加入了人民公社。

人民公社的特点可以用“一大二公”来概括。

“大”指的是人民公社的规模大。当时全国平均28.5个农业社合并为一个人民公社，平均4500户共入一社。1万至2万户的大社全国有532个，2万户以上的社全国也有51个。

“公”即人民公社内部全部实行“共产主义公有制”。在全国第一个人民公社——河南遂平县嵖岈山卫星人民公社并社后，原有农业社的一切公有财产全部上交公社，社员交出全部自留地，原社员所有的私有宅基地、大型牲畜、林木等也都要上交。在此基础上，公社内部实行粮食供给制，开办大型公共食堂，按人口供应伙食。

由于人民公社运动大讲“一大二公”“一平二调”，使原来几十个甚至几百个贫富不均的合作社之间出现严重的平均主义。社员的自留地、家畜、果树甚至家具都统一上交给了公社，不少地方甚至连社员家里做饭用的大锅都拿去炼了铁。在合作化运动中，公社为了调平穷队与富队的经济差距，无偿地调用各生产队的生产资料和劳动力。不少农民为了自身少受点损失，纷纷杀猪宰羊，许多人连大牲畜都给宰杀了。这样，农村的生产力遭到了很大破坏，给农业生产带来了严重影响。

而且，正如当今著名经济学家林毅夫所分析的，由于参加合作社实际上是一种强制性的行为，因此造成激励机制失调，合作社的生产率低于单个家庭农场和自愿形成的合作社的生产率。林毅夫强调指出，这才是 1959 ~ 1961 年农业大滑坡的主要原因。

“大跃进”被人们形象地称之为“水火运动”，水火终究是无情的。“大跃进”虽然在短时期内使工、农业建设（主要指钢铁制造业和农田水利基本建设）有了很大提高，却对中国经济长久稳定运行产生了巨大的破坏作用——至今仍然令人闻之色变的三年大饥荒，不过是这种后果的极端表现形式而已。

浮夸风——弥天的谎言

曾经亲历三年困难时期的人们，如今只要一谈起受饥挨饿的情景，没有不对那时甚嚣尘上的浮夸风切齿痛恨的。作为“大跃进”运动过程中滋生出来的特殊产物，浮夸风为我们透析那个时代政治与饥荒的相互关系，提供了最典型不过的解剖对象。

浮夸风首先吹起于农业战线，风力最大的也同样是在农业战线。

1958年是个风调雨顺的丰年，农业也确实获得了丰收。但粮食产量远远达不到跃进的要求——1958年北戴河会议上提出粮食预计应可达到6000亿～7000亿斤，而1962年粮食生产量更应达到13000亿斤（实际上，1958年的粮食产量只有4000亿斤，1959年是3400亿斤，1961年下降到2700亿斤左右）。为了达到层层加码的指标，不少地方开始大放“高产卫星”。而从中央到地方，偏偏又有那样一些人“相信”，这使那些靠数字起家的干部备受鼓舞，浮夸风于是愈演愈烈，最后形成了一出现在看来荒诞滑稽的闹剧。

当时的《人民日报》暨各省地方报纸都忠实地记录了越放越高的水稻“高产卫星”：

1958年初，广东汕头首先宣布早稻亩产3000斤。

7月18日，福建闽侯县连坂农业社2.6亩试验田早稻亩产5806斤。

7月25日，江西省波阳县桂湖农业社干部

试验田早稻亩产9195斤。

7月31日，湖北长风农业社早稻亩产15561斤。

8月13日，湖北麻城建国一社出现“天下第一田”，早稻亩产56956斤。

8月29日，湖北长春社中稻亩产43869斤。

9月5日，广东连县出现亩产60437斤中稻田。

9月25日，广西环江县红旗公社水稻亩产130435斤。

从7月18日的5806斤到9月25日的130435斤，短短的两个月的时间，中国水稻亩产即“增长”了22.5倍！

“谎言重复千遍就变成真理”，一批国家领导人在大量“喜报”面前最后竟信以为真了。

1958年7月，陶铸在《红旗》杂志上发表文章，驳“粮食增产有限论”。文章提出，自然界的力量是无穷无尽的，“只要需要，广东省在1962年前亩产粮食可达3000斤或更多。高产作物水稻，在广东省可一年三种，亩产达1万斤是应当可能的。”

8月，毛泽东在河北徐水县视察时，县委书记张国忠给他汇报了徐水夏粮亩产 9000 多公斤，秋季可获 11 亿斤“丰收”的情况。毛泽东听后情不自禁地说：“你们全县 31 万多人口，怎么吃得完那么多粮食呢？”“你们粮食多了怎么办啊？”

正是在所谓“粮食多了吃不了”的前提下，毛泽东向全国发出指示：

> 粮食多了，以后就少种一些，一天做半天活儿，另外半天搞文化、学科学、闹文化娱乐，办大学中学。

8 月 27 日，《人民日报》用通栏标题发表题为《人有多大胆，地有多大产》的文章，公开宣扬这种唯心主义。

浮夸风给国家经济计划、领导决策，给普通百姓的生活带来了方向性的误导。

我们不妨到“卫星”放得最大的广西环江县去走一遭，去看看他们究竟是如何创造这种“奇迹”的，而这种“奇迹”又给环江人民带来了怎样的苦难。

当年，为了提高农田亩产量，争取全区第一，全国第一，乃至天下第一，环江县委决定采用并蔸的方法来创造“奇迹”。1958 年 8 月 22 日，在县委书记的指示下，县委主管农业的干部召开了各农业社干部会议。23日，“放卫星”的行动开始了。

第一步是密植。县委组织近千人的队伍，从其他生产队100多亩中稻稻田中挑选出长势最好且已经成熟的禾苗，将禾苗连根带泥挑到一块1亩1分3厘的试验田中并蔸。为防止倒伏，用木桩支撑后再用竹篾片拦腰固定，将试验田分割成五六尺见方的格子，四周也用木桩顶实。如此一来，连小孩子在稻上滚爬，也不会掉下来。

第二步是收割。9月初，环江县委向柳州地委和广西自治区党委报喜，说要放一颗亩产10万斤的“大卫星”。地委、自治区党委对此十分重视，组成了检查验收团，并邀请记者和电影制片厂现场报道。9月9日，环江县委举行了隆重的开镰仪式，400多社员参加了收割。

第三步是统计。即使经过密植，一亩地仍然不可能亩产10万斤水稻。对此，环江县委领导是心里有数的。为此他们在统计过程中又耍了些手腕：从田头收割的谷子，要先在县城主要街道游行一圈后才运到县委大院过秤，其中要经过4个生产队的粮仓。在游行队伍经过时，一群群早已准备好的社员，挑着自己粮仓里的谷子尾随而上。为了确保无误，在乱哄哄的过秤现场，又有一批人指挥运粮的社员，过完一次秤后不把粮食倒上谷堆，而是原地转几圈，然后再过一遍秤。

这样，在当天实收的1.075亩稻田中，共收到干谷140217.4斤，折合亩产130434.14斤。据当时有心人的详细了解和统计，在这1.075亩稻田里，实收谷子26000多斤，从其他粮仓里挑来的谷子67000多斤，至于其他的47217.4斤谷子则是在团团转转的过秤中出来的。

这就是环江县亩产13万斤水稻的真相。

“产”得多了，政府自然收购得就多。1959年环江公布的1958年粮食产量是3.3亿斤，于是上级给环江下达了0.71亿斤的征购任务，而实际上，环江1958年粮食产量只有1.05亿斤，其中还有不少水分。0.71亿斤的征购任务约占实际产量的70%。这么高的粮食征购任务大大超出了环江实际的承受能力。

但牛皮已经吹了，不能不完成任务，于是县、乡政府纷纷采取各种措施，逼迫农民将大部分存粮都上交国家。甚至在农民已经超额上交完公粮之后，环江县委还要采取各种高压措施，强迫农民交粮。结果各社、各队仅留的一点口粮和农民家中的存粮，都被当作“后手粮”——即黑粮和瞒产粮上交。1959年春，农民的口粮已经无法保证，国家不得不又返销给环江100万斤统销粮，1959年上半年的饥荒才由此熬过去。

但是，由于浮夸风还在蔓延，国家各级政府几乎很少有人真正了解饥荒的状况。庐山会议后，各地又错误地开展了以批判彭德怀为主要内容的“反右倾”和“保卫‘三面红旗’”运动，浮夸风愈演愈烈。国家根据各地上报的远远高出实际水平的粮食产量，进一步加大了粮食征购的任务。此时的环江县委已经是骑虎难下了。

根据环江上报的1958年估产数据，上级推算出1959年环江的粮食产量大致为9.6亿斤，据此分配给环江的征购任务为1亿斤。而当年环江县粮食总产量仅0.828亿斤。不得已，环江县委将粮食估计产量下调到2.4亿斤，但这仍是实际产量的3倍。这样，国家下派的征购任务为0.388亿斤，是当年粮食实际产量的47%。

近一半粮食上交了，农民手中的粮食仅仅够维持半年的基本生活。到了1960年的春天，正逢青黄不接之时，农民手中已经颗粒皆无了。

在饥饿中挣扎的人们，很多人选择了逃荒。但这种做法在当时的中国是不允许的，被认为是“给社会主义抹黑”。环江县委下令将外出逃荒的人追捕回来。

追捕回来的逃荒者被集中看管起来接受教育。几十个人被关在一个拥挤的小房间里，坐都坐不下。几经折腾，最终有 44 个人被折磨死了。更有甚者，一个公社的书记竟然表示说：“外逃人员经动员还不回来的就打死算了！”

环江县人民成为了浮夸风的牺牲品。

三分天灾，七分人祸

1959 ~ 1961 年的三年困难时期，无疑给正准备“凯歌猛进”的中共中央领导以沉重的打击。以毛泽东为首的中央领导人开始反思，反思中国为什么会出现如此困难的局面。对此，刘少奇于 1961 年 5 月 31 日主持中共中央工作会议全体会议时指出：

> 从全国范围来讲，有些地方，天灾是主要原因，但这恐怕不是大多数；在大多数地方，我们工作中的缺点错误是主要原因，回过头考虑考虑，总结经验，我看是到时候了，再也不能这样搞下去了。

1961 年 1 月 18 日，中共八届九中全会召开。在会上，毛泽东强调要恢复党的实事求是传统，加强调查研究，搞一个“实事求是年”。在毛泽东这个精神指示下，全会通过了“调整、巩固、充实、提高”的方针，开始为国民经济的恢复与发展作准备。但是由于广大党员、干部的思想还没有转过来，“大跃进”的惯性依然存在，因此恢复工作在1961年并没有获得良好的效果。这种局面直到1962年“七千人大会”召开才有所改变。

1962年1月11日至2月7日，中共中央工作会议扩大会议在北京召开，参加会议的有各级党、政、军的负责干部共7000余人，因此，此次会议被称为“七千人大会”。

会议的第一个阶段主要是讨论通过了刘少奇代表中央提出的《在扩大的中央工作会议的报告》。报告在列举1958年以来工作成就的同时，指出了由于党在建设工作中的经验还很不够，加上党内不少领导同志不能谦虚谨慎，违反了党的实事求是和群众路线的传统作风，造成了“工农业生产的计划指标过高，基本建设的战线过长”，“犯了刮‘共产风’和其他平均主义的错误”，“分散主义”、“对农业增产的速度估计过高”等四项错误。

1月27日，刘少奇在大会发言中，公开强调了造成三年困难时期的原因是“三分天灾，七分人祸”，他还批判了“人有多大胆，地有多大产”等“左”倾口号。

会议自1月29日至2月7日进入了第二阶段，毛泽东等在会上做了自我批评，同时号召把这次会开成“出气会”“民主会”。周恩来、邓小平等人也在会上就当前的国内形势（主要是经济状况）作了说明，指出过去几年中的错误，并提出了解决的办法。

“七千人大会”尽管还存在许多问题，但毕竟取得了巨大的成就。它不仅起到了团结和动员全党齐心协力为战胜严重困难而斗争的作用，更为日后一段时期内中国经济的发展指明了道路。之后，大规模的工农业调整、“后退”开始了。

1962年，中共中央恢复了中央财经小组，由在经济方面较有建树的陈云任组长，李富春任副组长，统筹国家的经济活动。到1962年底，在减少职工和城镇人口、缩小基本建设规模、缩短重工业战线等各个方面，都取得了一定成效。财政收支平衡并略有节余，市场供应紧张的状况也开始好转。总的经济状况开始回升。

到1965年，国民经济调整工作基本完成。工业方面，钢产量比1957年增长130%，生铁增长

81.3%，原煤增长77%。农业方面，许多农业作物的产量基本恢复到了1957年的水平。其中棉花增长了27.9%，大牲畜增长了0.46%。

然而历史又总是充满着辩证法。

随着经济形势的有所好转和人民生活的相对改善，灾后人口的补偿性增长效应立即显现出来。大饥荒刚刚过去的1962年上半年，全国即出生了1061万人，出生率为16.2‰，已经接近1957年同期的水平。1963年，人口增长势头更为迅猛。全年出生人口2954万人，人口出生率为43.4‰；人口自然增长2270万人，自然增长率为33.3‰，各项指标均创下了中国历史的新纪录，这一纪录至今仍未被打破。

这样，经过调整后的国民经济虽然总体上有所恢复，但人民生活水平却因为人口的高速增长而没有得到相应的提高。到1965年，仍有相当一些生活指标没有恢复到1957年的水平。以人均粮食而论，1965年是368斤，而1957年为406斤；人均食用油，1965年是3.5斤，1957年为4.8斤；人均棉布，1965年是16.8尺，1957年为19.5尺。

而且直到1972年，虽然经济建设的步伐因“文化大革命”的爆发而停滞不前，但人口的增长却仍然保持较高的速度。仅在1965年到1973年短短9年的时间里，中国人口便净增了1.7亿。这在此前任何一个历史时期，在世界上任何一个国家都是不可想象的。

从某种意义上来说，这样一种人口增长的“大跃进”是真正的人口爆炸。当政治上的“大跃进”及随后的“文化大革命”给中国人民带来的浩劫，早已成为过眼云烟以后，这种与大饥荒相伴而生的人口“大跃进”，却深刻地影响着当代中国人的生活。

三　我们还可以只留下灾害记录吗？

——1966 年邢台地震

历史总是有许多意料不到的巧合。20 世纪 60 年代中期，就在一场空前严酷的政治风暴即将横扫神州大地的前夕，曾经平静的大地又陡然地不平静起来，用地震学的术语来说，就是进入了一个大震频发的地震“高潮幕”，而且持续时间恰好和那场政治风暴相始终。

当然，这两种灾难性事件相互之间不存在丝毫的关联，但频繁的地震无论如何也给那个疯狂的年代增加了许多不和谐音符。所幸的是，昌明的科学毕竟使我们摆脱了我们的祖先曾经有过的对自然劫难的种种恐惧，从一系列惊心动魄的震害记录中，我们的科学工作者也终于探索出一条前景光明的地震预报之路。

这一切，都是从邢台地震开始的。

雪夜奇灾

1966年3月7日，已是初春的华北平原，一场并不多见的大雪悄然而至，枯旱已久的大地铺上了厚厚的一层银白，一切那么静谧、安详。许多庄稼人一面盘算着“瑞雪兆丰年”，一面甜甜地进入了梦乡……

突然，一阵令人心悸的异常响动，把人们从睡梦中惊醒。一时间，天摇地动，房倒屋塌，人声鼎沸。此时正是1966年3月8日晨5时29分14秒黎明破晓之时。以河北省邢台专区所属隆尧、巨鹿、宁晋3县为中心，发生了6.5～6.75级强烈地震，震中烈度为9度！

3月22日16时19分46秒，紧接着20日发生的3次5级以上的余震之后，邢台专区宁晋、新河两县又发生强烈地震，极震区震级7.2级，烈度为9～10度。

强烈的地震波瞬间袭击了河北省邢台、石家庄、衡水、邯郸、保定、沧州6个地区的80个县市、1639个乡镇和17633个村庄，8064人在地震中丧生，

38451人受伤。整个破坏区，共倒塌房屋508万余间，其中全部倒塌和严重破坏需拆除重建的262万间，震裂和损坏后经维修能住的246万间。

在震级烈度10度、面积约130平方公里的极震区，各村庄的房屋几乎全部倒平；9度区面积为1300平方公里，房屋也大部分倒塌。隆尧县全县278个村庄，房屋全部倒塌的就有106个，倒房80%以上的，还有64个村庄。破坏最严重的是白家寨乡，全乡11个村庄被夷为平地，被地震砸死1697人，砸伤4340人，全家遇难的102户。宁晋县全县倒房45万间，有17个乡房屋全部倒光。该县东汪镇原有房屋15000间，震后全部倒光。宁晋县城关房屋绝大部分倒塌，交通阻塞。

这次地震还袭击了110多个工矿企业和52个县市邮电局，石家庄国棉二、三、四厂，化肥厂、水泥厂、面粉厂、华北制药厂等单位，因厂房裂缝和损坏被迫全部停工。京广铁路、石太铁路等5条铁路沿线的桥墩和路基，有16处遭到严重毁坏。此外还有77座公路桥、2座铁路桥以及22座农业生产用桥梁，在地震中崩塌。滏阳河上几座大桥、石桥和水泥桥闸都被震裂，木桥扭曲变形。艾辛庄大桥桥面向南移动，与桥墩错开1.8米，桥墩倒塌，桥面被破坏，交通中断。

由地震引起的大量裂缝、滑坡、崩塌、错动、涌泉、水位变化、地面沉陷等地质行为，使极震区的地形地貌发生了显著的变化。喷沙冒水现象普遍。最大的喷沙孔直径达2米，地下水普遍上升2米多，许多水井向外冒水。低洼的田地和干涸的池塘充满了地下冒出的水，农田和水利设施被淹没。地面裂缝纵横交错，有的绵延数十米，有的长达数公里。马兰一个村就有大小地裂缝150余条。有的地面上下错动几十厘米。冀县阎家寨附近石津渠的堤坝原高出地面2米，震后陷入地表以下2米。处在震区内的滏阳河两岸堤坝严重坍塌，而任村的滏阳河故道则被挤成一条长48米、宽3米、高1米的土梁。

3月22日7.2级地震发生时，邢台、石家庄、邯郸、保定4个地区，共有361处发生山石崩塌。山崩飞石撞击引起22处火灾，烧山3000余亩。

邢台地震也袭击了河北省外围地区。

山西省受灾地区有平定、昔阳、阳泉、太原等15个县市，14人死亡，68人受伤，1万余间房屋倒塌，5万间房屋出现裂缝。破坏窑洞6000余孔，裂损2万余孔。

山东省德州和聊城两个地区7个县及济南市遭到破坏，13人死亡，141人受伤。房屋倒塌8000余间，严重损坏近6万间。济南市黄台电厂1号机主变压器被震坏，2号机裂缝。淄博市东营变电所电闸全部震坏，923厂（胜利油田）停产18分钟。

河南省安阳地区7个县市也受到损失，15人受伤，700余间房屋倒塌，1000余间被破坏。安阳市积善煤矿井下采煤工作面变形，彰武水库溢洪道口有多处裂缝。

在北京市多数人感到摇晃。居于高楼上的人站立不稳，许多房门自动开启。北京饭店新老楼之间出现三指宽的裂缝，4楼房间落了土，住在那里的许多外宾受惊往外跑。王府井百货大楼三、四层上有些商品被震倒。东城区倒塌房屋9处，北新桥8层居民大楼地基下沉，1楼的门打不开。电报大楼出现裂缝，子母钟倾斜停摆。

天津市发电一厂5号机组开关掉闸，负荷下降，从2万伏下降到零，天津配电站总开关一个变压器发生掉牌，停电1分钟。

根据河北、山东、山西、河南、北京等5个省市的灾情统计，整个邢台地震，造成人口死亡8091人，倒毁房屋5694318间，其中民房5426069间，民窑26604座，公产房241645间。此外，从3月中旬至4月初，邢台、衡水、石家庄、邯郸、保定5个地区地震之后次生火灾422起，烧死39人，烧伤74人，烧毁防震棚470座，可谓雪上加霜。

邢台地震的巨大威力波及河北、山东、山西、河南、北京、天津、内蒙古、陕西、江苏、湖北等10个省（直辖市、自治区），有感范围北到内蒙古的镶黄旗、多伦，东到山东烟台，南到江苏南京，西到陕西铜川，包括219个县市。

与地震波同时传播的还有地震谣言和地震误传事件。震后短短的时间里，谣言就蔓延到河北、河南、北京等3个省市、8个地区、40个县市，影响面多达数百万人。这种无形的震灾，使灾区及其邻近地区广大群众惊慌不安，许多人无心劳动，工业产量下降，农业出勤率降低。社会秩序受到很大的影响。

“周总理来了！”

邢台地震受到党中央和国务院的深切关注。当天早晨，周恩来总理刚刚得知地震灾情即亲自部署救灾工作。他首先向震区通了电话，直接询问灾情，紧接着部署救灾工作，指示要“认真抢救，尽快恢复生产”。

3月8日上午，周总理指示总参谋部调集北京军区驻军和空军部队，立即赶赴震区，抢救遇难群众。

下午，国务院召开紧急会议，根据周总理的指示，全面安排了邢台的救灾工作，各有关部门立即进行了紧急部署。

大震第二天，即3月9日，周恩来总理在余震不断的情况下亲自来到地震中心现场——隆尧县。他到达时，已是深夜11点多。天气阴暗，狂风呼啸，大地还在频繁地震动，时常有残垣断壁倒塌。在听取灾区党政军负责人的灾情汇报和救灾工作时，还突然发生了强余震，房屋摇晃，门窗作响。与会的干部担心周总理的安全，劝他出去避一避，但总理拒绝了。他镇定自若，在现场制定了“自力更生，奋发图强，发展生产，重建家园”的抗震救灾工作方针，并对抗震救灾工作做了全面安排和部署。他说：

> 自力更生，主要靠自己；奋发图强，要志气不衰。大家不是正在学习焦裕禄、学习王杰、学习麦贤得吗？就是要有他们的志气，奋发图强，把国家建设好。

3月10日，周总理又来到隆尧县白家寨乡视察灾情，慰问群众。这里是3月8日地震中伤亡最重、损失最大的乡。当群众听说“周总理来了！”时，心情十分激动，他们放下失去亲人和家园的悲痛，纷纷拥上街头，奔走相告，自动集中在一个空场上。周总理登上一个大木箱子，他发现群众迎风站着，就坚决地让当地干部把群众调过头去背风站，自己迎着风讲话。他说：

> 老乡们，你们这里遭受了严重的地震灾害。地震给你们造成了很大的损失和困难。党中央和毛主席知道后，非常关心你们。我们受党中央、毛主席的委托，看望你们、慰问你们来了。

最后，周总理号召人民要团结起来，共同战胜地震灾害。他还带领大家高呼：

> 奋发图强，自力更生，发展生产，重建家园！

周总理的讲话大大地加强了灾区人民战胜困难的信心。

3 月 22 日，邢台地区宁晋县又发生了 7.2 级地震，灾情陡然扩大。宁晋、冀县、巨鹿、束鹿等县一些村庄遭到严重的损失，群众情绪迅速低落下来。为了安定群众情绪，鼓励灾区群众发展生产、重建家园，4 月 1 日，周恩来总理再次来到邢台地震现场。从早上 5 点到晚上9点，视察了宁晋县东汪镇、束鹿县王口乡、冀县码头李、宁晋县耿庄桥和巨鹿县何寨等5个村庄。

那天风特别大，风卷着沙，沙裹着风，临时帐篷上下掀动。碗里刚倒上水，就落上一层尘土，一位大娘想给总理换一碗水，可总理端起粗瓷大碗，轻轻吹了吹上面的尘土，就把水喝下去。风沙中召开了群众大会，周总理在群众大会上讲话，鼓励灾区人民振奋精神，战胜困难，“要困难越大，干劲越大，意志不衰”，号召灾区人民“先搞生产，再搞建设，家里丢了从地里拿回来”。他还指示，“要抓紧抗旱，保墒，浇麦、春播”，要“赶季节，不误农时”。

在灾区视察的日日夜夜，周恩来总理一工作就是十几个小时不休息。直升机几次起落，余震一天发生好多次，周总理全然不顾。他跨越了一条条一尺多宽的地面裂缝，穿过一道道随时可能倒塌的断壁残垣。在东汪公社临时医院的简易病房里，总理一连慰问了140多名伤员。他一个铺一个铺地查看，亲手摸摸铺得厚不厚，亲眼看看伤员的伤情重不重。在场人员无不感动得热泪盈眶。

在周总理的亲自部署下，国务院各部委紧急动员起来，迅速投入到抗震救灾的工作中去。到救灾工作结束时，国家共向震区人民发放救灾款3000多万元，粮食2000多万斤，棉花5万公斤。国家还派出80多架飞机、2000多辆汽车前往灾区，从而保证了灾区交通运输的畅通无阻。

奉命救灾的4万多名解放军指战员和8000多名医务人员，也从全国各地日夜兼程，赶赴震区。他们舍生忘死地抢救受灾群众，“我们抢得一秒钟，就多给人民减少一分痛苦”。为了抢修灾区通信设施，他们还利用部队通信设备，开通与震区的通信联系，仅仅3天之内就架设了115公里的电话线，增开了11条电路。人民解放军还与万余名民兵一起，迅速清理了主干公路的流沙、积水，疏通了主干公路，修理加宽乡村道路40余条。

全国各族人民也及时地伸出了援助之手。他们自愿组成万人抗震救灾大军来邢工作，主动捐赠80多万元人民币、40多万斤粮票以及价值200多万元的药品、医疗器械等救灾物资。

> 有党和毛主席撑腰，不管多大的灾害也吓不倒我们！

灾区民众这句朴素的话语，道出了他们对党中央、国务院，对全国各族人民发自肺腑的无限感激和信任。灾区人民也积极响应周总理的号召发展生产，重建家园。到1966年年底，全区农业生产空前丰收，粮食总产9.3亿公斤，创历史最高水平。其中隆尧、宁晋、新河、巨鹿四大重灾县，粮食总产比大丰收的1965年增长38%以上。

我们不可以只留下灾害记录

邢台地震是新中国成立以来破坏性最大的一次地震，虽然与随后发生的几次大地震相比，它所造成的危害相对而言要小得多，但邢台地震却是个标志，它标志着20世纪中国又一个地震高潮的到来，也标志着中国地震科学发展的一个新时代。而这，又是和周总理的高瞻远瞩分不开的。

1966年3月8日下午6点，周总理在国务院会议厅接见了国家科委和有关部委的负责同志和科技人员。在听取了有关邢台地震情况及地震工作情况的汇报后，周总理说：

> 地震队伍要扩大，提出规划来，可考虑科大、北大学生转系；
>
> 邢台地震，由科学院布置，与各部门联系，

解决地震的延续时间与发展方向。要行动起来，到现场去，到实践中去，逐步解决。凡需增加人力、物力的，可以调动。

周总理还提出要解决地震预报问题。

3月9日，正在灾区视察的周恩来仍念念不忘地震工作。他说：

这次地震，代价极大，必须找出规律，总结出经验。

查了县志，在这里1200年以前，已有过大地震，我们的祖先只给我们留下了记录，没有留下经验。这次地震付出了很大代价，这些代价不能白费！我们还可以只留下记录吗？不能！必须从中取得经验。希望转告科学工作队伍，研究出地震发生的规律来。

我国历史上有不少地震记载，但没有对地震现象的观察和研究的经验。这次地震，我们付出的代价很重，损失很大，必须从中吸取经验，不能依然停止在只有记录而没有经验的地步。虽然地震现象的规律问题是国际间都没有解决的问题。我们应当发扬独创精神，来努力突破科学难题，向地球开战。这次地震给予我们很多观察地震的条件，要很好地利用这样的条件……

事实上，早在20年代初期，我国一部分科学工作者就已经开始积极地探索地震现象的规律问题，只是在那样一个动荡不定的时代，这种探索并没有取得太大的进展。

新中国成立后，又适逢长达一二十年的地震平静期，除了1950年8月15日和1951年11月18日在人烟稀少的西藏察隅和当雄发生过两次8级以上的地震外，整个大陆特别是东部地区，总的来说非常平静。所以尽管中国的经济建设和科学事业在新中国成立初期都取得了长足的进步，但地震科学的发展却未能引起足够的注意。当时的中国，从事地震科学研究的总共只有三位科学家。50年代中期，苏联援建工程在选址时需要考察历史上地震发生的情况，才使与长期地震预报有关的烈度鉴定工作开始上马，但人们的眼睛还只是盯着历史。

所以，尽管邢台地区历史上震灾频繁，大震之前这里又出现了频繁的小震活动和大量宏观异常现象，但因当时我国尚未开展地震预报研究工作，也未部署地震前兆观测，对这次地震也就不可能做出任何的预报。这正应了一句老话：在膝关节疼痛之前，人们是不会想到自己的膝盖的。

邢台地震以前所未有的惨痛，引起了科学工作者的反思和警醒。不过，在一个山雨欲来风满楼的非常时期，在一个要把一切科学文化统统扫进历史垃圾堆的疯狂年代即将到来的前夕，在一个无论什么举措都需要群众运动推进的特殊时期，如果没有特别的关怀和指示，这样一种反思和警醒，也会与震后的废墟和死难者的血肉一样，只成为历史的记录，而不可能转化为科学研究的起点。

就在地震发生的当天晚上，根据周总理的指示，由中国科学院牵头组织的邢台震区综合性地震考察队成立了。来自中科院、地质部、石油部、铁道部、建工部、水电部、农业科学院等数十家机构的3000余名科学工作者，先后奔赴地震现场，开展了地球物理、地球化学、地球物理勘探、地震地质、地貌及地理、大地测量、地磁、地电、地声、地温、生物学、仿生学、建筑学、工程力学、水文、农业规划、地壳应力、医学等多种学科的综合考察和研究，在震区周围迅速建立了一批地震台站，广泛收集地震前兆，寻找预报方法。

灾区各县也积极组织进入现场的科技人员，到各乡、村巡回宣讲地震知识，同时收集、整理群众的经验。不少有亲身经历的群众，在各级政府的支持下，纷纷建立了以地下水和动物为主要观察对象的测报点（哨），有些村还自发建立了地震科研小组。他们随时观察井水和家禽家畜的异常变化，自发进行地震预报的科学实验，虽然简单朴素，但却有广泛的群众基础。他们中有农民，有干部，还有中小学师生，是一支人数众多的业余科研队伍。

在废墟上匆匆上马的中国地震预报工作，匆匆之间居然取得了意想不到的效果。

3 月 22 日，邢台再次发生 7.2 级强烈地震。4 天之后，即 3 月 26 日，正在灾区的科学工作者感到有一连串的小震，小车司机亦报告说在路上轧死了乱窜的老鼠。当小震平静时，人们根据刚刚总结出的“小震密集—平静—大震”的规律，感到有可能会发生强余震。到晚上 8 点多钟，收音机又受到奇怪的干扰。经再三思虑，一位科学工作者果断抓起电话向上级报告。话音未落，余震发生了！时间：23 时 19 分；震级：6.2 级。

这是中国地震工作者第一次成功的内部试报，我国地震科学发展的一个里程碑在此树立了起来。

四　惨绝人寰的“7·28”劫难

——1976年唐山大地震

人类将永远不会忘记那个劫去24万多条鲜活生命的惨烈时刻——1976年7月28日3时42分56秒。

世界灾荒史将永远以突出的位置展示那场举世罕见的大震灾，并告诉人们这样一串数字：

震中位置：中国——河北省——唐山市——北纬39°28′，东经118°11′；

地震最高烈度：11度；

震级：7.8级：

死亡：242419人；

重伤：164581人；

轻伤：36万余人；

全家震亡：7218户；

截瘫：3817 人；

震毁民用建筑：656136 间，10501056 平方米；

城乡建筑破坏率：96%（间）、91%（平方米）；

经济损失：54.48 亿元。

地震专家们告诉我们，全世界每年发生的记录地震 500 万次，其中有感地震 5 万次，造成破坏的近千次，而 7 级以上造成惨重破坏的强震，每年要发生十几次。在一个世纪的百年岁月中，人类安身立命的家园要经历 100 多次的地动山摇之劫。令人扼腕的是，唐山偏偏成为这个世纪中的 1% 概率中的命中地！

发生在百万人口居住的现代工业城市的瞬间浩劫，给人类历史留下了万劫不复的惨痛。

横 祸

“7 · 28！”这是怎样一个令唐山人闻之心悸血涌的日子！

炎暑之夜的唐山在沉睡中。在大地 10 公里深处，地壳运动产生的相当于 400 颗广岛原子弹的能量正在恶狠狠地蕴积着爆破力，伺机突破岩石，摇撼地幔。

怪异的地光出现了。蓝色的光球、红黄相间的光带、五颜六色的火龙、闪电般的光束、蘑菇状的光雾，纷纷从地下钻出来，在冀东大地的夜幕上闪耀。

撼人心魄的地声传来了。如隐隐雷声，如狂风骤雨，如万马奔驰，如猛虎狂啸，巨大的、沉闷的如排山压顶般的轰响与地光交相肆虐，令人惊恐万状。

忽然，大地狂躁地跳了起来——横祸发生了！首先到达地表的是“纵波”，产生逆冲式的上下颠簸，人和物被抛向空中，产生失重，许多人从楼房中被抛出；接着是相伴而来的“横波”，产生东西方向的水平摇摆，大地如狂涛中的小舟，具有百年历史的“煤都”顷刻间被夷为平地。

天津在一片房倒屋塌的巨响中惊醒。北京在强烈的摇撼中万家失色。华北大地在剧烈的震颤中陷入惶恐。全国 14 个省、市、自治区感受到了大地的摇动。全世界的地震仪器都记录下了来自中国的冲击力……

100 万人口的唐山，有近 1/4 的人再也没有见到“7 · 28”早晨的太阳；有 1/2 的人口在伤残中痛苦挣扎。尚未全部塌掉的危楼上，到处可见悬挂的尸身；大片大片的瓦砾堆中，到处隐现着无声的肢体。

在遇难者中，很多是因房倒屋塌当即被砸致死的，有的是被压在土石中窒息死亡，有的因精力耗尽饥渴而死，有的是没得到及时治疗而死，还有少数人死于火情、毒气等次生灾害。

一位姓韩的工人，被震醒后本能地夹起最小的女儿向窗外冲去，就在跨越窗口的刹那间，楼房塌了下来，父女双双被拦腰挤压在窗台上，生命被永远定格在那里。屋内来不及下床的女主人和另外两个女儿，全部在屋瓦的重压下丧生，一户人家在几秒钟内倏然消失了。

一位入伍3年回家探亲的小战士，深夜下火车兴冲冲地奔向家门口，在刚刚扬起手来敲门喊妈妈的瞬间，房子在猛烈的震颤中倒塌，小战士葬身在家门外，终于没有见到日夜思念的妈妈。震后，家人在清理废墟时发现了他，只见他肩挎军用背包，举着右手，倚在门框上，似乎还在呼唤："妈妈，我回来了……"

永远值得人们怀念的，是那些横祸飞来时正在值班的战士、职工，他们为了保护国家财产，为了人民群众利益，放弃了求生的机会，坚守岗位，壮烈牺牲。

地震出版社出版的《瞬间与十年——唐山地震始末》一书记述了这样几个悲壮感人的例子：

——空军某部通信营二连电话守机员高东

丽，22岁，共青团员。地震时，她没有躲避，为向各方通报震情，迅速插上一个个塞子，接上一个个电话。当最后被接通的飞机场的总机值班员看到信号插塞问话时，已经听不到她的声音了。当脱险的同志们从倒塌的机房将她扒出时，她的心脏已停止了跳动，一副耳机戴在头上，伸直的左臂高举向前，拇指、食指和中指捏在一起。她身下被砸坏了的总机塞孔里，有10个被砸断的塞头，它们分别通向部队领导、作战、调度和气象值班室，还有北京、陆军兄弟部队和飞机场。

——开滦林西煤矿绞车司机吴显东，当人们把他的遗体从工作现场扒出来时，看到他右手手指全被砸断，却仍然紧紧握着闸把。

——唐山地区邮电局分拣员、共青团员巩惠敏，刚刚完成分拣工作，大震就发生了。她没有转身从身边的窗口跳出，却立即抱起一捆邮件扔出窗外，又冲向分拣架，抓起整理好的特挂信函、汇款、包裹通知单、邮转电报等重要函件，正打算投出时，塌落的水泥楼板和桌椅压住了她的双腿。次日上午7时，解放军赶到抢救她时，她吃力地转动上身，把身边的1000多件邮件一件件、一把把地递了出去，连散落在身下的23枚邮票也细心地捡了出来。但是，这位26岁的姑娘，终因伤势过重，医治无效，不幸于7月30日凌晨停止了呼吸。

唐山，因城东北一座山上有唐太宗李世民东征时所筑石城而得名。这里曾是近代工业新军劲旅的京东重镇；中国历史上自己修建的第一条铁路——唐胥铁路就在这里；我国自行制造的第一台蒸汽机车——“龙”字号火车也诞生在这里。这里有历史悠久的煤矿采掘工业，有发达的陶瓷、纺织、炼钢、水泥电力工业生产基地。地震前，唐山人口约占全国1‰，而产值却占1%；现在，这座河北省最大的重工业城市，却成了全世界最大的瓦砾场，成了失去了生命的断水、断电、断交、断讯的废城。

在极震区内，笔直的铁路钢轨大段大段地蛇形扭曲，或因路基下沉呈波浪状起伏。一条长8公里的地震裂缝带穿越围墙、民房，横切河床、路基，所过之处，地面建筑几乎荡然无存。火车站、医院、学校、工厂不见了，繁华的街道没有了。郊区一些地方喷水冒沙严重，大量农田被毁，可怜的村庄远远望去像一片破碎的鸡蛋壳……

救 生

公元132年，东汉的张衡研制出了人类历史上第一台地震仪器——候风地动仪，能够准确地测出地震方向。1800多年之后，当惨绝人寰的唐山大地震发生1个小时之后，距唐山仅仅150多公里的北京国家地震局还不知道震中在哪里。那时，中国人最大的事情是政治运动，反击“右倾翻案风”的声浪裹卷着960万平方公里的每一个城市乡村。

然而，当意识到惨烈可怖的自然大劫难已危及大批生命时，人们的注意力猝然转向劫命之灾。

“震中在哪里？”面对来自方方面面的询问，面对落后的通信反馈系统，权威部门一片慌乱。

凌晨4时许，在地震发生的半个小时之内，一辆红色救护车从开滦唐山矿冲破震后的弥天烟尘向北京驶去，车上坐着唐山矿干部李玉林等4人，他们起初是想寻找电话向北京报告灾情，在通信几乎全部中断的情况下，于早晨8点多钟到达国务院。

钱钢在报告文学《唐山大地震》中记述了李玉林走进中南海紫光阁后的一段对话——

看到我们进去，他们（指李先念等几位副总理）站了起来。我说："首长啊，唐山全平啦！"李先念、陈永贵、纪登奎过来把我抱住了。记不清是谁说：

"别急，别急，坐下来，喝口水，慢慢说……"

所有人都问："怎么样？"

我说着就哭了起来："首长啊！唐山100万人，至少有80万还被压着呐！"

在座的人都哭了。

李先念问我："井下有多少人？"

我说："一万！"

他说："这上万人，危险了……"他又问："唐山楼房多还是平房多？"

我说："路北楼房多，路南平房多，一半对一半吧。"

"得赶快想办法救人！"

与此同时，唐山飞机场的某飞行团副政委刘忽然和师机关参谋张先仁，也乘飞机于7时40分到北京，与李玉林等一道汇报了地震情况。

一位幸免于难的唐山市委常委及驻军部队通信兵、

邮电局干部，也通过不同途径向北京发送了震情。

一道道救援指令迅速从中南海发出……

7月28日上午10时后，北京军区指挥机关和空军机关先头人员乘飞机在唐山紧急着陆。紧接着，河北省委、省军区、煤炭部领导到达唐山。下午2时后，沈阳军区和辽宁、山西、山东、安徽等省的医疗队、救护队乘飞机疾赴唐山。

大批救援部队和医疗队奉命从祖国四面八方开赴唐山……

蒙难后的唐山在剧痛中痉挛、挣扎，暗夜一秒秒地退去，大雨狂暴地泻向刚刚坍塌的废墟，殷红的尸水和着雨水汇成一条条血色浊流从废墟中淌出。

唐山在呻吟中渐渐苏醒。唐山市区被压埋的63万人中，约有二三十万依靠自身力量挣扎脱险。他们与另外一部分侥幸未被埋者一道，自发组织起来，在废墟与瓦砾中展开了艰难的徒手自救。整个极震区有行动能力的灾民都在奋不顾身地从死亡中抢救生命。到28日上午，自救互救活动达到高潮，大约20万人加入了这个队伍，绝大部分幸存者在震后10小时内获救。

那时候，唐山没有眼泪。事后，唐山人自己也惊异：面对成堆的尸体、毁灭的家园，我们竟很少流泪！对巨灾横祸的惊骇和对生命的强烈渴求，抑制了那个特殊时空中的人们的泪腺。

“广厦万间，容身五尺。”唐山人做梦也没有想到，他们用100多年建起的万间广厦屋宇，顷刻间变成了他们的葬身之地、埋身之所！此刻，凡一息尚存的人，都只有一个念头——拼死也要从埋身之所中挣扎出来！

一个12岁的女孩和母亲，姐姐，两个小外甥、外甥女被压在三层楼房的底层。妈妈伤得很重，仍然坚强地嘱咐孩子们：“不管怎么样，你们也要挺着。毛主席一定会派解放军来救咱们，就是扒尸也会来的！”并告诉他们别乱喊，留着劲。两天后，妈妈渐渐不能说话了，摸到身体后才知已经死了。按照妈妈的叮嘱，姐妹俩给小外甥喂唾液，把小外甥的尿存起来喝。后来没有尿了，就扒湿土往脸上捂。63个小时后，两姐妹和两个孩子被解放军救出，接过邻居送来的鸡蛋，女孩泪如泉涌……

一位姓刘的记者，从废墟中逃生后发现妻子的一只脚被厚厚的水泥板压住，没有吊车，虽经众人百般努力，妻子仍在那里痛苦地淌着虚汗，渐渐难以支持。无奈之下，只好采取“砍脚保命”的方案，找来一把旧菜刀，痛苦地向妻子的脚一刀刀砍下去……动脉断了，骨头断了，妻子被背上车。刘记者抱着妻子涌着血的腿，泣不成声地奔向飞机场找医疗队，走到半路，妻子就停止了呼吸……

一辆载满伤员驶向玉田县的卡车，十分艰难地开行着，歪歪扭扭，时快时慢，人们以为车出了毛病。到了县城，伤员们被抬下去后，有人招呼司机下车休息，没有回音。打开车门，人们惊呆了：但见司机头部被砸伤，肠子流出，左手骨折。他原来是个重伤员！驾驶室内满地是血，他用尽人生最后一丝力气把一车伤员送到医院，自己却伏在方向盘上再没有起来……

自救、互救的悲壮故事，每一位唐山人都能讲出一车，而被压埋 5 天、10 天乃至半个月仍能生还的，可谓这些故事中的经典。

蜜月中的陈俊华和郝永云的小小爱巢眨眼间被震个粉碎，那间位于宿舍楼底层的小屋，只剩下仅可容身的可怜空间。千呼万唤，推梁搬石，看不到生路。余震发生了，楼板贴近脑门，空间更小了。妻子渴急了，黑暗中摸到一只瓶子，喝到嘴里却是花生油，引起大吐。丈夫意外地摸到一把菜刀，奋力砍出一个洞，钻出去一看，却被坚硬的水泥阳台死死堵住出路。砍啊，砍啊，菜刀砍成了三角铁，砍出 7 个窟窿全都是死路！

为了不让妻子失望，陈俊华不停敲击手中的菜刀，直至手脚绵软，瞳孔放大，视物不清，仍在拼命地敲。两天三夜过去了，微弱的敲击声终于被人们听到，夫妻二人死里逃生。

唐山市第一医院女护士小王和小陈，同被砸在小儿科治疗室中。打碎的酒精瓶使窄小的空间充满了酒精分子，她们被熏醉过去，沉睡了三天三夜。醒来后，发现周围到处是被压埋的患者、伤员，他们绝望的哭喊和断气前的号叫使两个女护士毛骨悚然。继而是尸体腐烂蒸发出来的一阵阵恶臭，使她们难以忍受。值得庆幸的是，她们在身后墙脚处找到 30 多瓶葡萄糖水和生理盐水，饿了就喝一口。小陈找到一支钢笔，在胳膊上写家庭住址——她想到了后事。小王坚信能活着出去，她不断地给手腕上的东风牌手表上劲。

到了第八天，她俩被解放军救了出来。

医学文献记载的通例告诉我们，一位女性在完全无食、无水的情况下，生命极限只有 7 天。而她——46 岁的家庭妇女卢桂兰，竟然在没有任何食物、水源的废墟堆中熬过了 13 个日夜。

大震袭来时，她正在医院看护病危的丈夫，情急中钻进病床底下，保住一条命。她搬掉压在身上的砖石，舒一口气后就大喊救命，没有任何回应。余震发生了，她被埋得更严了。她不明白是发生了地震，只是不停地大骂“臭黄鼠狼”。渴了，只好喝尿，受不了那味道，就撕碎衣服蘸着喝。第二次喝，尿成了苦的，已经很少了。饿急了，她吃过土，抓起来就生吞。

8 月 9 日傍晚，震后的第 13 天，卢桂兰头顶上的一块两吨重的楼板被解放军用吊车吊起，人们见到了卢桂兰，她已经不会动了，有人将她脸上的泥土拂去，她一睁眼，头一句话是：“解放军万岁！……”

大震过后，开滦赵各庄矿的 3000 多名上夜班的矿工在 5 个小时内安全返回地面，唯独在五采区十道巷作业的 5 个工人没有上来。巷道多处塌方，每天下井寻找的人喊破了嗓子，始终无音讯。

在地下 900 米深处，电断了，风息了，抽水机停了，塌煤堵住了巷道，空气越来越稀薄。55 岁的老班长陈树海组织大家挖煤找出路，干了十几个小时，余震来了一摇晃，刚掏空的一段通道又堵死了，5 盏矿灯有 3 盏耗光了电熄灭了。17 岁的新工人小李呜呜地哭起来。又经过 60 个小时的拼搏，挖通了 16 米长的塌煤，5 个人手拉手地钻到九道巷，此时，最后一盏灯也熄灭了。

他们庆幸再不用喝尿了，喝足了九道巷的脏水，又向八道巷艰难地行进。90米高的800多个台阶，在黑暗中一点一点地摸索，大约爬了四五天。到了八道巷，他们找到了矿车，钻到里面靠又臭又咸的坑道水维持生命。

8月9日——第13天，一个青年工人在八道巷听到5个人的喊声，以为是鬼，吓跑了。

8月11日——第15天中午，一位熟悉井下情况的老工程师抱着最后一线希望带人下井寻找，发现了冻饿将死的5个求生者，他们已经哭不出来声了……

个体的生命奇迹固然可惊可叹，而万名井下工人脱险、力挽陡河水库次生灾、大灾三年无大疫等人间奇迹，则足可在世界救灾史上大书特书。

地震那天晚上，正逢开滦矿全体干部职工放高产，大多数机关干部和工人一起下了井。一阵山摇地动之后，地面上的调度室成了废墟。电停了，风停了，提升机停了，抽水机停了，万名井下生产者被滞留在近千米的大地深处。井下空气越来越稀薄，地下水迅速上升，险情逼近一万条生命。刚刚成立的唐山市抗震救灾指挥部发出了第一道命令：采取一切措施抢救井下工人！

井上，来自全国14个煤矿的救护队被紧急空运到现场。风门在断电的情况下被矿山救护队员们用手和肩膀打开，人力绞车冒险向井下送梯子……

井下，紧张而冷静的自救在十几个巷道里进行着。大家互相搀扶，艰难移动，有的在极其危险的情况下攀援上百米高的梯子，顽强地向地面接近……

7月29日，新闻媒体向全世界公布了一条奇闻：到28日下午，处于极震区内的开滦煤矿万名井下工人，除十几人因故死亡、失踪外，已全部安全返回地面。

陡河水库距唐山市区仅15公里，储水3600万立方米，库底高出市区10米。地震发生后，水库大坝纵向断裂1700米，横向裂纹约50多道，如果决堤，震毁的唐山将雪上加霜，成为一片汪洋，摧毁殆尽。

暴雨之中，北京军区炮兵某团官兵冲上大坝，在没有电的情况下，每4人一组，用人力摇动绞车，开启近10万吨重的闸门。余震袭来，摔倒的战士们站起来继续冲向绞车。七八个小时过去了，钢铁大闸一寸寸上提，恶浪乖乖地从闸下溜走。大坝无虞，一场可怕的次生灾难躲过去了。

大灾之后必有大疫，这几乎是人类灾荒史上的一条定则。横尸满巷的唐山，你将如何？

震后第三天，肠炎、痢疾迅速在唐山震区蔓延。到8月份，发病率比上年同期高出几十倍乃至上百倍。活下来的人每天面对的是高温下迅速腐烂的尸体、大量的垃圾、无处排放的污水、遍地的粪便……瘟疫的魔影在废墟上徘徊，新的恐惧袭扰着唐山人流血的心。

中央和地方政府对疫情的高度警惕，最终使唐山成功地避开了瘟疫。

唐山人不会忘记，在那些日子里，1200 多名卫生防疫人员从全国各地日夜赶赴灾区，5 万多件防疫器械和 400 多吨防疫药品、100 多万份疫苗，从四面八方源源运来。

唐山人不会忘记，从 8 月 9 日到 9 月 5 日，唐山上空每隔一周就有喷洒药物的飞机盘旋，将 45 吨多低毒有机磷杀虫药洒向地面，动用了 141 架次飞机、230 多辆防疫车，对城乡 67 万人防疫注射，使蚊、蝇密度大幅下降，彻底控制了疫病。

唐山人不会忘记，1976 年 8 月的“埋尸”大行动和 11 月下旬的“清尸”大行动，解放军和民兵付出了怎样的劳动。24 万正在腐烂的尸体，每一具都要经过喷、包、捆、运、埋 5 道程序，清尸部队的战士想尽各种防护办法，但由于与尸体接触太多，仍有不少人生了毒疮。但他们不叫苦，他们只想让遇难者尽快入土，让活着的唐山人减少烦忧。

唐山终于前所未有地战胜了大灾后的大疫。1977年1月至7月，唐山地区各种传染病发病率比震前同期下降70%以上。这个奇迹将彪炳史册。

唐山，经受了劫命巨灾的唐山，忍着剧痛从废墟中昂然挺身，向世界显示她的存在，向人类昭告她的坚忍，向历史证明她的永生。

重 建

重建，对于大震之后人财两失，家园无存的唐山人来说，是一个太凝重的话题。相依为命、朝夕伴守的亲人没了，家财没了，房子没了，仿佛一夜之间一切都灰飞烟灭，残梦依稀，如何不叫人神丧心沮、万念俱灰？重建，不单单是物质上的，更重要的是精神上的。

作家钱钢说："八月，唐山人民所表现出的'坚强'，的确是令人惊讶的。面对着亲人的遗体，他们没有哭声；他们只是沉默，沉默……"但是，当中共中央给震后人民的慰问电传来时，许多人却抑制不住痛哭起来。了解、同情、关怀、鼓舞，灾难深重的唐山人多么需要这些啊！7月30日——震后的第三天，当中央慰问团到达唐山市区时，无家可归的灾民们自发地在马路两旁排成迎接队伍。慰问电的传播和慰问团的到来，释放出了修补精神创伤的黏合剂，使绝望中的人们不再消极观望，生存、生活的希望之帆重新鼓荡起来。

中国人民大学著名教授李文海先生在《中国近代灾荒与社会稳定》一文中谈道，在旧中国，“在每一次较大的自然灾害之后……随之而来的都是生产的破坏和凋敝，都是大量受到饥饿和死亡威胁的‘饥民’和‘流民’”。这个景象是在黑暗政治下必然发生的。而大震之后唐山人记忆中随之而来的，是令人难忘的新生，是紧张而有序的重建——精神的重建，家庭的重建，生活的重建，城市的重建……像凤凰涅槃一样，唐山在奇灾巨难的洗礼后获得了脱胎换骨的新生。

重建中的唐山，处处都有动人的故事。

在救灾过程中，孤儿是最受人们关注的一族。他们一夜之间忽然失去了父母双亲，有的尚在襁褓中，有的在幼儿园里，有的刚刚上学，有的初中刚毕业，4204个没爹没妈的孩子啊！

看着他们无助的神情，大人们流泪了。解放军争着照管他们，亲戚、邻居争着收留他们，没儿没女的家庭争着领养他们。但是，最关心他们也是使他们最受惠的，是党和政府，震后的第二天，市委就指派专人搜寻和安置那些流落在废墟中的孤儿们。不久，又在灾区举办了71所育红院。之后，为了减轻灾区负担，在石家庄和邢台建起了两所育红学校。

作家钱钢在采访中记述了孤儿们在进入石家庄后的一幕感人场景：

唐山孩子留给石家庄人最深刻的印象，是“坚强”！大地震才一个多月啊。他们好像很能适应环境，在车上，还向欢迎的人们招手。

那是一个叫人动感情的欢迎大会。省市领导致欢迎词，石家庄的小朋友致欢迎词，接着是唐山孩子上台致答谢词。那是一个13岁的男孩，他一上台，台下就有人哭了。他却能控制住自己，一板一眼，讲得清清楚楚。只是说“爸爸妈妈死了，是解放军叔叔救了我”时，他掏出手绢擦开了眼泪，但却咬着牙没哭出声，停顿了一会儿，又接着讲下去。

等到石家庄和唐山两地的小朋友同台表演的时候，会场上的悲伤气氛达到了顶点。观众哭，在后台的大人也哭。有个唐山孩子叫小芹的，她唱歌天真极了，看着她笑得那么甜，真叫人受不了，为她伴奏的大人们哭成一片。坐在台下的市委书记，突然冠心病发作，昏倒在地……

在当时整个社会经济生活均比较困难的情况下，孩子们受到了较好的待遇，生活很幸福。石家庄育红学校校长董玉国，从育红学校成立那天起，就搬到学校住。由于受到地震的惊吓，每到刮风下雨，孩子就以为又地震了，很是惊慌。为了安慰孩子们，董玉国就和他们睡在一起。有董校长在，孩子们就睡得安稳。

阳光照临，雨露泽溉，地震孤儿茁壮成长。1984年6月，他们全部返回自己的故乡。如今，唐山全市98%以上的地震孤儿达到了初中以上文化水平，多人大学毕业，有的考取了博士、有的出国深造。走上工作岗位的占95%，大多数建立了家庭，很多人成了省、市先进人物。

大震之后，多数人从废墟中站立起来，走向新的生活；还有这样一部分人——截瘫患者，他们被称为“幸运的不幸者”，废墟没有夺去他们的生命，但却夺去了他们的肢体，永远不能用双腿去追逐人生的欢乐。他们的人数与孤儿近似——3817人。他们也和孤儿一样，受到政府和社会的深切关注。震后65天，河北省抗震救灾前线指挥部专门发出《关于截瘫伤员疗养安置意见的通知》，此后，唐山市建立了18个疗养所、一个建筑面积8000平方米的截瘫疗养院。

当时，市民口粮中，白面、大米不足35%，每月食油只有0.5市斤，猪肉1市斤，而截瘫患者却分配到90%的白面、大米，每月供食油1市斤，猪肉3～6市斤。1978～1983年，先后三次对全市截瘫患者进行了8个项目的专题普查和诊治，保证了患者死亡率一直保持在较低水平。

唐山的震后截瘫患者，永远忘不了这样一些事情：1985年成立“残疾人艺术团”，应中国残疾人福利基金会理事长邓朴方之邀，到北京中南海演出，受到热烈欢迎，15名伤残人运动员多次代表国家参加国际比赛，夺得金牌35块、银牌34块、铜牌26块；姚翼琴、张大光、王春冬等人组织残疾人文学创作小组，在《河北日报》、《唐山文艺》等报刊上接连发表作品；1991年7月28日地震15周年纪念日，康复村投入使用，25对截瘫情侣举行了集体婚礼。

“夫妻本是同林鸟，大难来时各自飞”，这是中国古代文学在描写灾难临头时家庭的无奈景况，其中蕴含着个体选择的情态。然而，当大震的横祸猝不及防地降临时，灭顶之灾面前是没有商量的，“同林鸟”

何去何从，由不得个人选择，大约有1.5万户夫妻，一个悲惨地“飞”向冥界，一个永怀伤痛地留在人间。其中，大约7000多位妻子失去了丈夫，8000多位丈夫失去了妻子。

> 解体的家庭就如破漏的房子一样，人们是难以生活下去的。重新组合家庭是丧偶的人们强烈的生存欲望的表现，是战胜巨大灾害的迫切需要。

《瞬间与十年——唐山地震始末》一书在叙及震后家庭重组的必要性时写下这一段话，说出了微观和宏观两方面的道理。

窝棚撤了，简易房盖起来了，家庭的重组也像住房一样变化、发展。1977年春季，重组活动达到高潮，到1978年末接近尾声。据极震区唐山市路南区统计，全区震后丧偶家庭2790个，到1984年已重组1566户，占56.13%。

怀着瞬间丧偶的伤痛而在短时内重建家庭，这种“伤鸟同栖”的人生一幕岂能轻松上演！且看一对重组夫妻的述说——

> 原来，我们双方的夫妻感情都十分融洽，为

人也都十分朴实、真诚。地震后，一个失去了丈夫，留下两个女儿；一个失去妻子，留下一个儿子。经人介绍相识后，经过一段时间交往，决定重建家庭。“新婚”那天晚上，当为数不多的几位客人离开简易棚，我们安抚三个孩子入睡之后都相对无语，心里都像堵塞着一团乱麻。后来，熄灯上炕了，俩人无声地抽泣，担心引起对方不快。当发现对方也在伤心时，就再也憋不住那份感情，失声痛哭起来，转过身来她劝我，我劝她。第二天，又结伴到公墓上，一起给原先的丈夫和妻子烧纸……

特殊时期建立起的这些特殊家庭，过起日子来往往并不那么顺当。“新人不如故”的感觉是人之常情，于是就有了 2∶6∶2 的比例，亦即在重组家庭中 20% 过得比较好；60% 有矛盾，但能正确对待，逐渐得以稳固；20% 被信任危机、财产纠纷所困扰，“战国纷争”不断。

1978 年 9 月 19 日，距中共十一届三中全会召开整整还有三个月，邓小平同志来到唐山。看过震后遗迹，看过施工现场，看过建设模型，他说：“地震是个大灾难，也可以变成大好事，建设新唐山。”

他把施工中的职工住宅楼审视了一遍，想到了每一个细节：每间的净高要降低，使用面积要扩大；窗户要大；可以搞五层楼；水暖煤气管道都要安装好，还要考虑沐浴的问题。

他甚至从美学、心理学的角度替唐山人着想，对陪同视察的地方官员说，城市建设是一门学问，要讲美学、心理学，要美化环境，使人们感到舒服。人的心情好，积极性也会高起来。

邓小平的这些话，让如今生活在新城中的唐山人每每想起来都倍感亲切、温暖。

1978 年夏天，声势浩大的震后城市重建工程拉开序幕，45 家建筑单位共 12 万建设大军开进工地，200 多台大塔吊把唐山装点成钢铁塔林，2500 多辆载重汽车风雨无间地奔跑在塔林间，四五年中穿梭不歇。到 1985 年，“塔林”已经掩映在钢筋水泥筑起的“楼林”之中，50 万吨钢材、40 多万立方米木材、220 多万吨水泥把蓝图还原成实物，7 年前邓小平“建设新唐山”的嘱告化作辉煌的新城。

1986 年 7 月 28 日是唐山大地震 10 周年纪念日，中国新闻界自豪地告知全世界：被西方某些人说成“已从地球上抹掉”的唐山市，历经 10 年建设，重新耸立在中国冀东大地，震区已全部消灭了简易房，22

万多户居民全部搬入新居。

十年一瞬。自然界瞬间的大毁灭，又在历史的瞬间完成了涅槃。祭奠山川，告慰海岳，幸存下来的唐山人把大震毁掉的百年家园用十年时间重新托举给世人，把砖石砸碎的绮梦用钢铁的意志还原成美丽的现实，高楼林立，街道成排，绿树成荫，花草繁茂，世界上最大的瓦砾场一眨眼就变成了最新的工业城市。

几十年过去了，“十万大军建唐山”的壮阔场面已成为历史大事记中的一段。一切都将随着岁月的替嬗成为云烟往事，唯有那个毁家劫命的日子，将世世代代镂刻在唐山人的骨髓里——“7·28”！

遗　憾

翻开唐山的历史，别处有的东西这里似乎都有，历史学家扳着指头从新石器时期的龙山文化说起，说到商朝孤竹国，说到西汉的右北平郡、辽西郡，说到明代的浙、鲁移民，说到近代的工业崛起，说到“第二煤都”、“北方瓷都”，说到在中国率先高举马克思主义大旗的先驱人物李大钊，说到著名考古学家裴文中，评剧创始人成兆才……举凡经济、政治、文化、历史的兴替大事、天灾人祸，与唐山有关的件件都有记录，就是没有记录过破坏性地震——在明代以来记载的100多次地震条目中，没有一次是6级以上的。因此，从1898年唐山镇形成以来，唐山人只管挤挤挨挨地盖简陋的平房，圈窄小的院子。后来建没有抗震能力的楼房，从没有考虑过还有大地震这回事。当大震过后人们回想唐山的房屋建筑状况时，几乎是异口同声地惊呼："这是一座不设防的城市！"

看看那些糟糕的建筑吧：平房，以石砌或砖砌墙体为主；楼房，以多层砖混结构为主，钢筋混凝土内框架结构不多，60年代后新建的楼房，防震设计也只考虑到烈度6度，而大自然降临给唐山的，却是恶狠狠的9度、10度、11度！

地震过后的几年里，唐山人有"三怕"：怕楼房、怕预制板、怕毛石墙。是这些东西夺去了他们亲人的性命，把他们弄得九死一生。城市建筑中连接不牢靠的水泥预制板、低质量的墙砖，农村房屋中承重强度不高的砖石土墙、炉渣与白灰混合的厚焦子顶，所有这些曾经构筑过多少人温暖的梦寐之所，然而一夜之间，它们都全部变成了死亡的象征物。

"安得广厦千万间，大庇天下寒士俱欢颜，风雨不动安如山"。在唐山震区，人们不只是求"风雨不动"了。一朝遭大震，十年怕砖头。如今，唐山人以及不忘唐山“殷鉴”的人建房第一要考虑的要素是——防震。后世子孙们是否也能作如是想？

有时候，大自然的运动似乎与人类的社会活动有着某种默契——说起来竟是如此巧合——1966年至1976年，是中国“文革”十年浩劫，而这一时期，恰恰也是中国地震活动的高潮期。这两者之间的不期吻合，将产生怎样的结果呢？

作为一名地震工作者——邓禹仁在他的著作《唐山地震之谜》中以无可奈何的口气写道：

> 唐山地震是在不尊重科学、不尊重知识的社会背景下发生的。

于是有人把悲歌唱成赞歌。

震后，干部们告诉记者：“一次地震就是一次共产主义教育！”似乎唐山这样的大震多发生几次，就可以加速共产主义的实现。有的农民从废墟中爬出来，不去救自家人，却去救生产队的牲口。一些农村社员面对一片废墟，煞有介事地召开“学习小靳庄赛诗会”，开办政治夜校。

在“京津唐地震”预报讲座上，国家地震局主要领导或成为被批对象，或忙于应付政治运动，整天琢磨该说哪句话，该传达哪个文件，以至于大震发生了一个小时，还弄不清楚震中在哪里。

在今天看来最愚不可及的事情，是“坚决拒绝外援”。“7·28”地震撼动了整个世界，全人类为之震惊。各发达国家以及被中国援助的第三世界国家，从人道主义出发提出给予援助，这本属国际间十分正常的事情，而我们的一位中央领导人竟然说“外国人想来中国，想给援助，我们堂堂中华人民共和国，用不着别人插手，用不着别人支援我们！”国内新闻媒体转发的一篇社论，甩出了一段人人都能背得出的套话：“自力更生的救家努力说明用马克思主义、列宁主义、毛泽东思想武装起来的，经过无产阶级文化大革命考验的人民是不可战胜的……”

于是，一切都那么理所当然——

联合国提出的援助被谢绝了，美、日等国提出的援助被拒绝了，长期受助于中国的兄弟国家的“心意”被婉拒了。

“一方有难，八方支援”是我们一贯高喊的口号，轮到我们自己却变成了“八方支援，一方坚拒”。出此错招儿，只怨我们太看重自己的政治热情和精神力量，太习惯于闭关锁国。在被认为是全人类的自然灾害的惊世大震发生之际，此情此例是可圈可点还是可笑可悲，今天看来不过是常情常理常识就可判断的小问题，而当年的答案却被人为地颠倒过来。

大震发生后，是跑还是不跑？怎样才能更有利于活命？在这些问题上，唐山人比全世界所有城市的居民都更有发言权，他们有太多的教训，太多的遗憾，也有足堪珍视的经验。

“避之唯恐不及”是灾难发生后绝大多数人的第一个反应。正是这种心理害了很多人。

家庭 A，夫妻二人结婚 5 年，生下一儿一女，一家四口过得甜甜蜜蜜。大震袭来，丈夫翻身下炕就往外跑，被塌倒的门墙砸死。妻子只顾搂抱小女儿，娘儿仨在炕上反倒没被砸着。

家庭 B，夫妻二人有一个不满一岁的孩子。地震发生后，两人不约而同地扑向睡在中间的孩子，三口人拥在一起，正好处在两面墙倒塌的空当处，保全了性命。

上述例子说明，大震临头，能否活命和跑得快慢关系不大。而一些人采用了“伏而待定法”，往往可以有效地保存生命。这种方法的要点是，在房内觉察到大震时不可惊慌，要马上将头靠近墙根，双臂抱胸，面朝下趴在地上，将两眼之间的凹部枕于臂上，闭住眼、嘴，用鼻呼吸，或迅速躲进床、柜等粗壮家具下面，或选择厨房、厕所等面积小、管道多的地方，伺机而动。一位靠“伏而待定法”逃生的男子深有感触地说：“据我所知，楼房甩出去的人，一般不死，还有几位产妇甩出楼房后顺利生产的奇闻；而跳楼者，非死则伤。在平房，跑到门口或跳窗户者也大部分被砸死。极震区的窗口、门口是‘死门关’，一般不宜由此疾出。”

“小震不用跑，大震跑不了”是唐山市民对地震的经验之谈，是从血的教训中总结出来的精警之言。

据公安部门统计，震后的28日至31日，4天中的城市犯罪率占整个7月的90%。这是因为灾时越轨行为大量发生，哄抢、盗窃、强奸等罪恶一度在废墟中狂悖地释放，形成了特殊情况下的特殊犯罪高峰。

要活命，要吃、穿，是人性；见财起意、趁灾打劫，也是一种人性。大灾骤然临头，人们急于找吃、找穿，在社会控制系统暂时失效的状态下，哄抢发生了。最初的生存需要演变成物欲的大泛滥。震后一周内，发生各类越轨行为1万多起，被埋压在废墟中的粮食、衣服、布匹、手表、现金、食物、药品，甚至自行车、缝纫机、收音机都成了不法分子打劫的对象。

面对光天化日下的罪恶，正义的人们愤怒了。一个在旅馆废墟中扒了37块死人腕上手表的家伙，被群众用棍棒和乱石打死；一些抢劫者被吊在大树上，绑在电线杆上。

存活下来的民警出动了，民兵被组织起来了，罪恶得到了控制。一些要害部门特别是银行、粮库、油库被民兵、解放军守住了。埋着金钱和账本的中行唐山支行的废墟，被一大群光身赤脚的民兵日夜持枪护卫着，企图打主意的歹人没有一个敢上前的。据统计，震后唐山所有的银行、储蓄部门的账页，一张也没有少。

震后第 14 天，唐山市在废墟上公判了一批犯罪分子，随后又判了两批，367 名不法分子受到惩处，26 名罪大恶极者成了震后第一批枪下鬼。

1980 年，美国总统科技顾问普雷斯博士来华访问时说："中国在地震预报方面的经验比其他国家都要丰富。因此，有许多东西我们要向中国学习。"普雷斯的话是客观公正的。的确，中国的地震科研和预报是处于世界领先地位的，中国的历史地震资料之丰富，在世界上是首屈一指的，1959 ~ 1963 年，在广东新丰江水库成功创造了世界第一例预先进行防震加固并取得实效的水库地震震例；1975 年，又在辽宁海城创造了世界第一次强震预报成功的震例。

海城 7.3 级大震预报成功之后，中国地震工作者的欢呼声余音犹在，时隔一年，唐山大震不期而至，地震工作者们吃了当头一闷棍，成了唐山人痛骂和诅咒的对象。在震区，他们的汽车被砸，仪器被扔，处处遭受责难。

地震专家们心中最明白，唐山所处的京、津、唐、渤、张地区，是中国地震台网密度最大，观测时间最长，专业队伍最集中的地区，仅河北省范围内就有 43 个专业台站，2000 多个群众观测点，3 万多个观察哨。可是，“7 · 28”唐山劫命大震就在“比较明确的长期背景判断、基本正确的中期趋势分析、扑朔迷离的短期预报意见”这样一个大背景下发生了，它向中国以往地震预报的全部经验提出的挑战，是那样严峻而残酷。

在唐山大震到来之前，大自然曾向人类发出过密集的信号，如地电阻率异常，重力异常，地下水位变异，地下水化学组分异常，地应力异常，地形变化，天气与气候异常，动物行为异常，以及地光与地声，等等。尽管这些异常向我们频频示警，但是，终因发震前的种种情况弄得人们相信了不该相信的事实，怀疑甚至否定了该相信的事实，使“强震”这个恶魔躲过了人类的监视，凶狠地扑向暑夜中沉睡的千百万生灵。

那些混淆了地震工作者视听，最终造成预报惨败的原因是什么？唐山地震时担任国家地震局分析预报室副主任的梅世蓉女士，在她主编的《一九七六年唐山地震》一书中把它们概括为：

主震之前无明显前震；

大震前区域地震活动图像复杂；

4 月份发生的和林格尔 6.3 级和大城 4.4 级地震之后，京津唐张地区的地震活动空前平静，麻痹了人们的神经；

宏观异常出现很晚；

以往寻震点多着眼于大断裂的交会部位，断层的拐弯、端点等地方，而唐山并不具备这些判断条件，使人注意不到它。

此外，还有一个令地震专家们不得不慎重再三，迟疑难决的重要因素是：京津唐地区处在京畿重地，防震预报一发出，势必闹得人心惶惶，北京不是海城，不是四川，万一虚报，产生的社会影响谁承担得起？

如今，几十年过去了，岁月倏然，福祸迭至，全世界的破坏性地震不知又发生了多少，惨绝如唐山者，尚无续例。大震预报成功如海城者，也未见报道。看来，人类攻克地震预报难关的航程还充满波涛险阻，但我们深信会到达彼岸。

逝者如斯，唐山人以卓越的成就为人类防震救灾提供了成功的范例，也用她的血的代价提供了地震科学的丰富信息资源。

前车之覆，后车之鉴。